장

장

간장, 된장, 고추장으로 빚어낸 미식의 세계

강민구

조슈아 데이비드 스타인, 나디아 조 공저

BOOKERS

JANG: The Soul of Korean Cooking(More than 60 Recipes Featuring Gochujang, Doenjang, and Ganjang): Kang, Mingoo, David Stein, Joshua, Cho, Nadia by Mingoo Kang

This Korean edition was published by Bookers, an imprint of Eumakseky, Inc., in 2024 by arrangement with Artisan, an imprint of Workman Publishing Co., Inc., a subsidiary of Hachette Book Group, Inc., New York, New York, USA through KCC(Korea Copyright Center Inc.), Seoul.

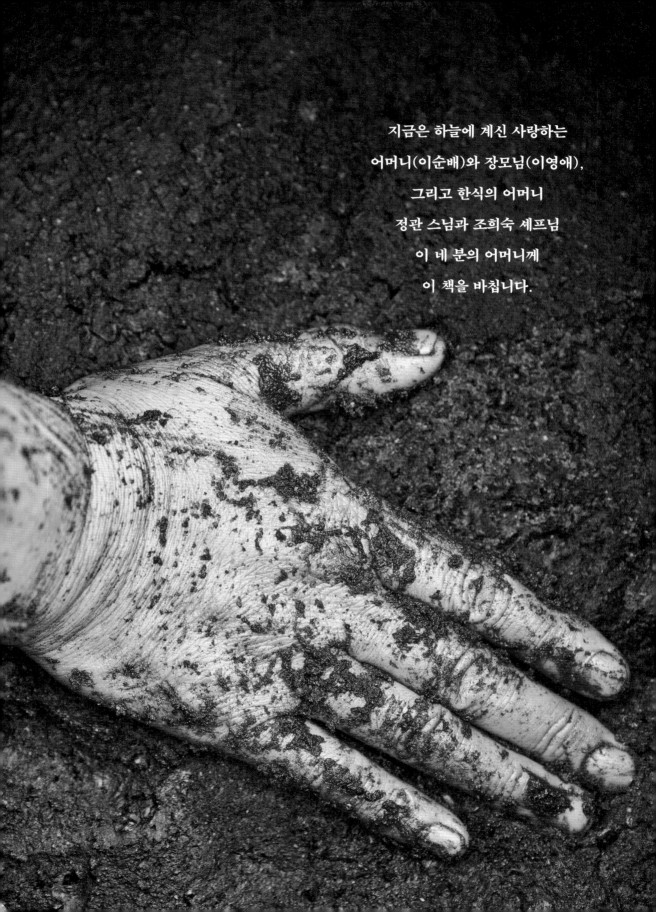

지금은 하늘에 계신 사랑하는
어머니(이순배)와 장모님(이영애),
그리고 한식의 어머니
정관 스님과 조희숙 셰프님
이 네 분의 어머니께
이 책을 바칩니다.

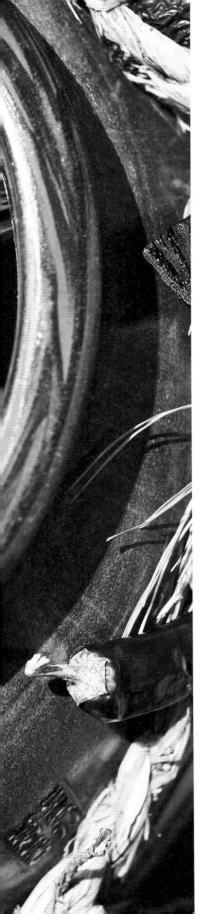

차례

추천의 글

운이 좋게도 한국에 방문할 기회가 여러 번 있었다. 덕분에 서울의 열정 넘치고 활기찬 생활 방식과 지방의 아름답고 평화로운 시골을 두루 경험했다. 여행하는 동안 나를 초대해 준 사람들의 환대와 더불어 내게 한국 문화를 소개해 주려는 그들의 들뜬 마음을 엿볼 수 있었다.

처음 왔을 때 서울의 수많은 식당과 술집과 노점에서 파는 음식들은 나에게 익숙한 서양의 음식 문화와는 달라서 그 분위기에 매료되기도 했고 동시에 당황스럽기도 했다. 무엇보다도 다양한 재료와 양념을 더해 만든 다양한 음식들을 한꺼번에 내오는 한식의 전통 서빙 방식인 한상차림이 가장 인상 깊었다. 나는 한식의 다채로운 맛에 아직 익숙해지지 않았는데, 음식을 순서대로 먹는 서양 방식과는 달리 한꺼번에 다양한 음식을 먹는다는 게 실로 어색했다. 하지만 이 모든 차이를 넘어설 만큼 식사 자리를 함께한 사람들과 서로 흥미를 표현하면서 유쾌한 시간을 보내는 계기가 되었다.

한국인들이 음식 맛을 한 차원 끌어올리기 위해 액젓과 참기름 등 강렬하고 톡 쏘는 재료를 과감하게 쓴다는 사실을 깨달을 수 있었다. 하지만 한식을 경험할수록 그 속에 음식을 뒷받침하는 훨씬 더 깊은 무언가가 있다는 걸 느꼈다. 처음에는 무엇인지 알아채지 못했지만, 고추장, 된장, 간장을 만드는 여러 지역의 장인들의 장 생산지를 방문하면서 비밀이 밝혀졌다. 장을 만드는 과정을 어깨 너머로 구경하고 필수 발효 양념을 만드는 과정에 참여해 보면서 장을 맛봤다. 나는 오직 대두, 물, 소금, 이 세 가지 재료만 써서 아주 특별한 양념을 창조하는 옛 전통을 경외하는 마음으로 바라보았다. 또한 온도, 날씨, 시간, 발효의 영향과 중요성을 깨달았고, 어떻게 이런 사소한 요소가 모여 완벽한 장이 만들어지는지 궁금해지기 시작했다. 장은 자연의 힘과 인간의 개입 사이에서 일어나는 불가사의한 연금술의 결과로 보여진다. 또한 장은 내가 한국에 머무르는 동안 즐겼던 수많은 음식 맛을 담당했으며, 내가 끝까지 궁금해하던 한식 맛의 비밀이기도 했다.

사람에게 음식은 강력한 묘약이 될 수 있으므로 사랑과 지식을 바탕으로 요리해야 한다. 요즘도 나는 여전히 배워야 할 게 많다는 사실을 안다. 일반인과 수도자로 이루어진 나의 스승님들과 우리에게 절실히 필요한 책을 내 준 강민구 셰프에게 감사의 인사를 전한다. 한국 요리뿐 아니라 특별하고 아름다운 한국 문화 전반에 대해 이해할 수 있는 장 문화를 공유해 주어 진심으로 고맙게 생각한다. 이 책을 통해 우리 모두 한국 식문화를 대변하는 장에 대해 깊은 경의를 표할 수 있는 기회가 되리라 생각한다.

에릭 리퍼트
뉴욕 미쉐린 3스타 르베르나뎅(Le Bernardin) 오너 셰프

시작하며

올리브유 없이 이탈리안 요리, 버터와 소금 없이 프랑스 요리의 비밀을 풀려 한다고 상상해 보자. 이것은 불가능한 일일 것이다. 한국 요리, 한식을 논할 때 장도 마찬가지다. 한식은 현재 세계의 다양한 식문화 중에 가장 많은 주목을 받고 있다. 하지만 그 관심에 비해 한식을 만드는 방법이나 한국 식재료들에 대한 정보는 충분하지 않았다가 최근에서야 다양한 책이나 콘텐츠들이 매체를 통해 소개되고 있다.

한국 음식에 대한 관심에 비해 장은 그만큼 관심을 받지 못하고 있고, 그 어떤 책이나 미디어에도 장에 대한 소개는 없었다. 나는 장의 깊은 역사와 특징은 물론 이 매력적인 맛을 세계에 알릴 생각을 하니 가슴이 무척이나 뛴다. 이 특별한 재료들에 이목을 집중시키고 한국 요리와 문화를 좀 더 깊이 있게 이해할 수 있는 발판이 마련되길 바란다. 이를테면 1990년대에 엑스트라 버진 올리브유가 인기를 끌면서 전 세계에 이탈리아 요리 붐이 일었고, 좀 더 최근에는 자타르(za'atar, 다양한 허브와 향신료를 첨가해 만든 중동식 혼합 향신료)와 타히니(tahini, 참깨를 갈아 만든 페이스트)의 인기가 점점 늘면서 중동 요리에 관심이 폭발적으로 일어난 사례들처럼 말이다.

그렇다면 장은 무엇일까? 장은 한식에서 가장 중요한 식재료지만 생각보다 굉장히 단순하다. '장'은 '발효한 대두 페이스트'를 의미하며 크게 고추장, 된장, 간장 세 가지 종류가 있다. 고추장은 발효한 매운 고추 페이스트로 세 가지 장 중에 전 세계에 가장 많이 알려졌을 것이다. 된장은 되직한 질감의 발효한 대두 페이스트이고, 간장은 묽고 어두운 빛이 나는 액체다. 된장과 간장은 각각 일본의 미소, 쇼유와 비교되기도 한다. 반면 한국의 토종 고추로 만든 고추장은 비교할 만한 대상이 없다. 비록 유사한 식재료가 다른 나라에 있긴 해도 나는 이 세 가지 양념이 모두 독특한 특징을 가지고 있으며 한국 음식의 특징을 잘 설명할 수 있다고 생각한다.

가을 끝자락 대두를 수확하는 농촌의 들판에서부터 장 만들기가 시작된다. 농부들은 먼저 콩을 말리고, 말린 콩을 장 생산자들이 구입해 갈 수 있게

한다. 장 생산자는 가마솥에 콩을 삶아 페이스트 형태로 으깬 후 벽돌 모양으로 눌러 형태를 잡는데, 이것을 메주라 한다. 만들어진 메주는 통풍이 잘 되고 볕이 들지 않는 곳에서 볏짚 위에 올려 건조한다. 어느 정도 마른 메주는 다시 볏짚에 엮어 매단 후 자연스럽게 말린다. 이렇게 잘 띄운 메주는 주변 환경에 따라 12월이나 1월에 땅 위에 듬직하게 세워 둔 장독(또는 옹기)이라는 커다란 장 전용 용기에 옮긴다. 이때 별도의 메주는 곱게 빻아 가루를 만들어, 고춧가루와 소금, 밀가루나 찹쌀풀, 조청 등의 재료와 섞어 다른 장독에 담는다. 이 장독에 담긴 재료들이 숙성되면 고추장이 된다.

간장과 된장을 만들기 위해서는 장독에 담긴 메주에 소금물을 붓고 그대로 발효한다. 보통 60일에서 90일 정도가 지나면 발효된 메주를 체에 걸러 분리한다. 분리된 메주와 걸러진 액체를 더 숙성하면 각각 된장과 간장이 된다. 이 모든 생산 과정에서 낭비되는 재료가 전혀 없기에 굉장히 자연친화적이다.

장은 유럽에서 주로 생산하는 샤퀴테리, 치즈, 와인과 마찬가지로 만들어지는 지역과 발효 숙성 기간, 생산자의 기술에 따라 그 품질이나 특성이 달라진다. 장을 만드는 방식은 생산자에 따라 조금씩 다른데, 원재료인 콩과 소금, 어떤 물을 사용하는지가 제일 중요하고 장을 만들고 발효하는 생산지의 환경, 온도도 큰 영향을 미친다. 생산자마다 장에 특별한 식재료를 첨가하기도 하고, 만들고 보관하는 방법이 조금씩 다른데, 신기하게도 그 장을 맛보면 생산자의 스타일이 그대로 담겨 있다.

이렇게 귀하게 만들어진 간장, 된장, 고추장은 단순히 대두를 발효한 식품이라기보다는 수천 년동안 대대로 이어진 우리 선조들의 경험과 노하우가 담긴 귀한 문화의 산물이다. 장은 국, 찌개, 샐러드, 양념은 물론 디저트까지, 여러 음식에 사용이 가능하다. 한국의 장 문화는 한식 요리에 가장 중요한 뿌리이자 뼈대라고 말할 수 있다

한식을 찾아서

솔직히 고백하면 나는 장의 매력에 상대적으로 뒤늦게 빠져들었다. 서울에서 태어나고 자란 나는 어린 시절 초등학교 때부터 셰프가 되기를 꿈꿨다. 제철 요리를 담백하게 즐겨 만드시던 어머니는 늘 가족 식사를 챙기셨고, 아버지는 그 시절 보통의 가장들처럼 거의 요리를 하지 않으셨다. 나는 다른 아이들처럼 텔레비전 앞에 앉아 요리의 매력에 푹 빠져들었다. 또 음식과 여행 다큐멘터리를 보면서 나만의 주방을 운영하는 꿈을 키우기도 했다.

대학교에서 요리 공부를 시작했고, 군대에서는 취사병을 맡았다. 전역한 후 새로운 경험과 모험에 목말랐던 나는 미국으로 가서 마이애미에 있는 노부 마츠히사_{Nobu Matsuhisa}가 운영하는 레스토랑에서 일자리를 구했다. 요리사로서의 여정은 바하마와 스페인 바스크 지방까지 이어졌다. 하지만 노부의 일식을 요리하든 마르틴 베라사테기_{Martín Berasategui}의 요리를 준비하든, 해외에서 거주하는 요리사들의 숙명처럼 나는 고국의 맛인 한식이 그리웠다. 결국 나는 나만의 요리를 하기 위해 한국으로 돌아왔다.

2014년 밍글스를 개업할 때 목표는 서양과 한국의 전통을 '밍글_{mingle}'이라는 단어의 뜻처럼 조화롭게 어우르는 것이었다. 당시 한국의 파인다이닝 레스토랑은 한국인 셰프가 이탈리아나 프랑스의 최고급 요리를 선보이는 곳이었기 때문에 한국 요리를 선보이는 경우는 거의 없었다. 그렇기 때문에 밍글스에서는 독특한 모던 한식을 시도했다. 해외에서 배운 기술과 요소를 접목하긴 했지만, 요리의 뼈대는 전부 한식이었다. 마시모 보투라_{Massimo Bottura}와 르네 레드제피_{René Redzepi}처럼 나는 고국 요리의 재료, 기술, 전통의 위상을 높여 한식이 위대한 세계 음식 목록에 오르기를 바랐다. 밍글스는 감사하게도 오픈한 지 얼마 되지 않아 바로 국내외에서 주목을 받았다. 그만큼 부담감도 상당했다. 그래서 더더욱 한국 요리와 식재료를 예전보다 진정성 있게 제대로 공부해야 한다는 책임감을 느꼈다.

이런 고민은 나를 한식의 대가인 두 사람 앞으로 이끌었다. 한 분은 훗날 아시아 최고의 여성 셰프 중 한 명으로 선정된 조희숙 셰프님이고, 다른 한 분은 넷플릭스 시리즈 〈셰프의 테이블_{Chef's Table}〉을 통해 알려진 정관 스님이다. 조희숙 셰프님은 내게 한식의 잠재력을 알려 주신 분이다. 그분께 요리를 배울 때면 일상적인 한식이 얼마만큼 특별해질 수 있는지 알 수 있었다. 장의 중요성에 대해 알려 주신 분도 조희숙 셰프님이다. 요리할 때 소금 대신 장을 활용하는 나의 요리들은 셰프님의 영향이 크다. 또한 내 요리 인생에 큰 영향을 받은 건 정관 스님이 계신 사찰에 방문하고 나서다.

내장산 어귀의 오래된 땅에 자리 잡은 백양사의 나무 문을 통과할 때 나는 요리를 시작한 지 거의 13년이 돼 가는 시점에 있었다. 밍글스가 개업한 지 3년이 지났고 식당은 손님들로 북적였지만, 사실 나는 요리 인생의 갈림길에 서 있었다. 좋든 싫든, 서울에 줄지어 오는 외국 셰프들에게 모던 한식을 대접해야 했다. 하지만 여전히 내 한식에 대한 지식 한 켠이 비어 있는 느낌을 지울 수가 없었고, 정관 스님이 계신 백양사 천진암에 가면 그 빈 부분을 메울 수 있을 거라는 기대감이 있었다.

백양사는 정신없이 돌아가는 바깥 세계 속 프로들의 주방과는 차원이 다를 만큼 고요해서 머무름 막바지에는 새들이 지저귀는 소리와 풀잎이 바스락거리는 소리에 귀를 기울이는 법까지 배울 수 있었다. 비자나무가 터널을 형성하고 있는 구불구불한 오솔길은 한적한 터로 연결됐고, 터에는 불상을 지탱하고 있는 좌대가 자리 잡고 있었다. 수백 년도 더 된 터에는 오래전에 스님들이 가져다 놓은 돌들이 이끼로 뒤덮여 있었다. 정관 스님은 수행하기 위해 17세의 나이에 출가해 비구니로 절에 들어온 이후 지금까지 동료 스님들을 위해 요리해 왔다. 정관 스님의 군더더기 없이 깊은 인상을 주는 사찰 음식은 국내 전역에서 명성이 자자했다. 그 음식을 직접 경험하고 싶었기에 간곡히 요청을 드린 끝에 약속을 잡았다. 스님을 뵙기 위해 백양사 천진암 계단을 오르던 때, 나는 그저 계단이 아니라 장의 세계에 발을 디디고 있는 것 같았다.

장을 모르는 한국인은 없다. 나의 어릴 적에도 장은 거의 끼니마다 빠짐없

이 밥상에 올라왔다. 된장은 어머니가 만들어 주셨던 국과 찌개에 풍부하고 깊은 맛을 내는 중추 역할을 했다. 간장은 생선 양념에 깊은 감칠맛을 냈고, 채소와 맑은 국의 간을 맞췄으며 고추장은 돼지고기에서부터 해산물, 비빔밥까지 온갖 요리에 매콤한 맛을 더해 주었다. 주변에 장이 그렇게 널려 있고, 심지어 서울에서 시작해 해외에서 요리사가 되는 과정을 차곡차곡 밟았는데도, 늘 장이 다른 식재료와 별반 다를 것이 없다고 생각했다. 물론 유용하긴 하지만 한식을 만들 때 늘 사용하는 일상적인 양념에 불과했다. 여타 한국인들과 다를 바 없이 내가 사용했던 장은 청정원과 샘표처럼 커다란 설비를 갖춘 대기업 제품이었다. 해외에서 지낼 때는 한국 마트에서 간장이나 된장이 보이지 않으면 일본 쇼유나 미소로 대체해서 사용하기도 했다. 주름 잡힌 승복 위로 보이는 아담한 민머리가 눈에 띄는 60대의 비구니, 정관 스님이 내게 다가올 때까지만 해도 내 생각은 큰 변함이 없었다. 서로 합장한 후 스님은 나를 사찰 부엌으로 이끌었다.

옆에서 지켜본 정관 스님은 요리를 한다기보다는 그저 주변 환경과 하나가 되어 자연스럽게 움직이는 것처럼 보였다. 사찰 정원을 돌며 땅에서 배추를 뽑고 무를 캐는 스님의 뒤를 따라다녔다. 우리는 사찰 뒤쪽의 가파른 산에 올라가 표고버섯을 땄다. 스님은 버섯을 광주리 안에 조심스럽게 담은 후 명상하는 공간처럼 조용하고 깨끗한 부엌으로 돌아왔다.

스님은 우리가 수확해 온 몇 가지 재료를 통해 땅과 자연 그 자체를 옮겨 놓은 듯한 소박한 음식을 만들어 냈다. 어떻게 이런 간결하면서도 놀라운 음식들을 만들어 낼 수 있었을까? 비밀은 장이었다. 스님은 요리할 때 어디에나 직접 만든 장을 사용했다. 스님은 부엌 바깥의 양지바른 뜰에 놓인 크고 작은 항아리들에 해마다 담가 묵혀 둔 다양한 장이 있다고 말씀하셨다. "장은 저마다 고유의 성질과 이야기와 영혼을 가지고 있지요." 장은 시간과 공간, 온도, 바람, 대나무와 소나무가 드리우는 그림자의 형태 등 여러 요소가 작용해 항아리 안에서 복잡하면서도 다양한 맛을 냈다. 비록 같은 장이지만 3년, 5년, 10년이라는 숙성 기간에 따라 그윽한 맛, 부드러운 맛, 깊고 복잡한 맛이 다르게 느껴졌다. 장맛을 보면서 근사한 와인이나 위스키를 유리잔에 따라 테이스팅하던 경험이 떠올랐다. 깨달음의 순간이었다.

장은 모두 살아 있고, 저마다 개성을 뽐내고 있었다. 몇 가지 향신료나 재료를 더할 때도 있지만, 보통 대두, 물, 소금만으로 만든 장이 숙성되려면 환경과 인간의 절묘한 개입이 필요하다. 물론 대두가 자란 밭도 어느 정도 영향을 미치긴 하지만, 발효하는 방식과 장소가 장의 특성에 큰 영향을 미친다. 공기, 바람, 주변 환경은 장맛에 오래도록 배어 있다. 예를 들어 경기도 파주의 푸른콩 장은 맛이 조금 순하며, 남도 지역이나 제주도에서 만들어진

장들은 훨씬 강하고 쌉쌀한 맛이 난다.

　장은 다른 발효 식품과 마찬가지로 시간의 흐름에 따라 활동하는 박테리아와 당의 상호작용에 의존한다. 사워도우 빵에서부터 와인, 람빅 맥주 등 자연 발효 식품이 모두 그러하듯, 자연적으로 발생하는 박테리아는 주변 환경에 따라 지역별로 다르게 나타난다. 콩을 삶고 메주를 만들어 말리고 숙성해 장을 담그고, 길면 10년 이상 발효되는 장은 테루아를 그대로 반영한다. 요리에 대한 방대한 지식와 식재료에 대한 이해, 그리고 다양한 종류의 장이 가진 특성을 명확히 알고 있는 정관 스님은 언제 어떤 장을 써야 하는지 직감적으로 알고 계셨다.

장 탐구하기

스님을 만나고 밍글스로 돌아오자 내가 해야 할 일들이 머릿속에 밀려들었다. 여태까지 피아노 건반의 가운데 '도'만 연주하다가 이제는 88개의 건반이 한꺼번에 눈에 들어오는 것 같았다. 장 명인들을 수소문해 그들이 만든 장을 맛봤다. 장맛의 변화를 제대로 파악하기 위해 다양한 장들을 구하고, 특정 브랜드는 생산 연도별로 비교하기도 하였다. 산비탈과 해변, 언덕과

숲에서 소규모로 장을 생산하는 명인들도 만나봤다. 겨울이면 덮개 위에 쌓인 눈을 털어내고, 여름이면 벌레를 쫓아내면서 일 년 내내 장독을 관리하는 그들과 친분을 쌓았고, 배움에 대한 일념 하나로 서울에서 세 시간 거리에 있는 절을 주말마다 오가며 정관 스님을 뵈었다. 장 만드는 과정을 깊게 파고들면 파고들수록 장의 진가가 더 크게 와닿았다. 밍글스를 연 후로 '한국 음식의 본질은 무엇인가'라는 고민이 머리에서 떠난 적이 없었는데, 마침내 밝혀진 비결은 놀랍게도 줄곧 내 주방에 있었다.

다양한 장의 개성을 드러내는 데 초점을 맞추자 내 요리 방식은 더함의 개념에서 좀 더 한국적인, 정확히는 불교에 가까운 덜어냄의 개념으로 바뀌기 시작했다. 어떤 것들을 더 걷어낼 수 있을까? 요리를 할 때 좋은 장을 잘 활용하면 복잡한 기술의 사용을 줄일 수 있었다. 이와 더불어 장은 유연한 재료여서 다양한 시도를 해 보기에도 좋았다. 장은 서양 요리와도 놀랍도록 잘 어울리는데, 발사믹 식초, 올리브유, 파르메산 치즈 등 이탈리아 재료가 특히 장과 페어링하기 좋았다. 고추장은 맛의 강도가 적절해 미국인들의 입맛에도 잘 맞고, 간장과 된장은 무엇보다 다른 발효 식품이나 유제품과 만나면 훌륭한 조화를 이룬다. 시간의 흐름에 따라 장맛이 깊어지듯이 내가 생각하는 장의 진가도 커져 갔다.

요즘 밍글스 주방에서는 장을 적절히 활용해 다른 재료를 돋보이게 만드는 법을 찾는 일에 집중하고 있다. 각 재료가 저마다의 매력을 뽐내기보다는 전제적으로 조화로워야 감동도 큰 법이다. 이 책에 실린 일부 레시피는 밍글스 메뉴에서 그대로 가져왔다. 나머지는 내가 집에서 가족과 친구들을 위해 만드는 요리들이다. 모든 메뉴에는 장에 대한 애정이 자연스레 녹아 있는데, 장은 내가 요리하고, 맛을 내고, 음식을 즐길 때에 가장 풍부한 아이디어를 주었기 때문이다. 장에게 보내는 러브레터인 이 책이 여러분에게도 전달되길 바란다.

장의 역사

나는 아내 도희와 첫째 딸 다인이, 둘째 아들 윤후와 함께 활기 넘치고 현대적인 도시 서울에서 살고 있다. 쉴 새 없이 변화하는 역동적인 모습의 도시를 보고 있으면 한국이 현대로 넘어온 지는 얼마 되지 않았다는 사실이 새삼스럽게 느껴지곤 한다. 1910년부터 1945년까지 이어진 일제 강점기가 끝나고, 얼마 지나지 않아 1950년에 6.25 전쟁이 터졌다. 한국은 전쟁 이후 1953년부터 빈곤하고 황폐한 국가의 모습으로 세계에 알려졌다.

호화로운 궁궐 속 모습과는 달리 빈곤은 대부분 한국인의 일상적인 삶에 속속들이 침투했다. 음식도 예외는 아니었다. 밥상에서 고기를 찾아보기란 굉장히 어려운 일이었다. 소는 농경의 중요한 수단이었고, 다른 가축들도 생계를 이어가는 데 중요한 동반자였다. 그렇기 때문에 대부분의 단백질 섭취는 일부 해산물을 제외하고는 식물에 의존했다. 논밭에서 농사를 짓는 동시에 채집도 이루어졌는데, 이탈리아인들이 송로버섯을 채집하듯 한국인들은 봄이 오면 여전히 두릅과 쑥을 채집한다. 아시아 전역과 마찬가지로 쌀은 한국인의 주요 곡물이지만, 지리적인 특성 탓에 경작할 수 있는 땅이 국토의 4분의 1도 안 되었으므로 쌀조차 드물고 귀했다.

4천여 년 전에 만주에서 도입된 대두가 한국인들의 생명줄이었다. 단백질이 풍부하고 어느 토양에서도 잘 자라는 대두는 한국인들의 일용할 양식이 되었다. 두부, 두유, 콩기름, 콩나물 등을 만들어 내는 대두는 지금 보아도 경이로운 식재료다. 소중한 영양분이 되는 콩 단백질의 잠재력을 풀어헤치려고 노력한 한국 조상들의 지혜가 놀라울 따름이다. 하지만 대두를 섭취하는 수많은 방법 중에서도 장만큼 심오한 존재는 없다.

한국인들은 기원전 57년에서 서기 668년까지 이어지는 삼국시대부터 다양한 형태의 장을 만들어 왔다. 4세기에 세워진 무덤에서 장을 담글 때 쓰는 커다란 장독을 묘사한 벽화가 발견됐다. 7세기 신라 왕조를 통치하던 신문왕의 혼례 때 신부에게 보내는 납폐 품목에 술, 쌀, 건어물과 더불어 장이 포함돼 있었다. 11세기에는 주변국인 만주에서 거란족이 한반도를 침략하

자 고려왕이 백성들의 굶주린 배를 채워 주기 위해 장을 배급했다.

나는 장이 여러 세대를 거쳐 이어진 한국인의 강인한 생존력과 수많은 역사적 장애물에 맞서 이루어 낸 번영을 상징한다고 생각한다. 대두, 소금, 물이라는 단 세 가지 재료는 풍부한 영양소와 깊은 맛을 내는 장으로 변화한다. 불과 50년 전까지만 해도 고기와 유제품을 잘 먹지 못하던 국민에게 장은 단백질과 비타민 B12, 섬유질 외에도 많은 영양분을 공급하는 생명줄이었다. 서양식 식문화가 깊숙이 침투한 오늘날의 한국 문화에서도 장은 고기 과다 섭취와 그로 인해 유발되는 고질병에 맞서는 중요한 건강 지킴이 역할을 한다.

더불어 장에는 다양한 효능이 있다고 밝혀졌다. 맛이 좋을 뿐만 아니라 몸에 유익한 영양분이 함유되어 있다는 것이다. 최근 연구 결과에 따르면 된장에는 항당뇨, 항암, 항염 성분이 있다고 한다. 간장도 비슷한 효능이 있으며, 대장질환도 억제한다는 연구 결과도 있다. 고추장은 이 모든 효능을 갖추고 있으면서도 추가로 안에 든 캡사이신 성분 덕분에 비만 예방 효과가 있다는 사실이 입증됐다.

역사적으로 장은 사 먹는 것이 아니라 만들어 먹는 것이었다. 비록 과거에 비하면 규모가 현저히 줄긴 했지만 오늘날에도 전국의 마당, 산동네의 소나무 아래 그늘, 바람이 불어오는 평화로운 바닷가 마을, 심지어 대도시의 테라스나 베란다에서도 장독을 볼 수 있을 것이다. 한국과 같은 유교 사회에서는 위계질서가 굉장히 중요하지만, 장을 만들고 관리하는 일은 계층과 상관없이 중요했다. 시골집에서는 할머니들이 간소하고 투박한 장을 담갔고, 양반가에서도 때가 되면 안주인의 주도 하에 장을 담갔다. 조선의 왕실에서는 궁중의 장을 엄격하게 보호했으며 장을 관리하는 장고마마가 굉장히 중요한 직책으로 여겨졌을 정도였다. 규율에 따라 고기를 금했던 스님들도 사찰에서 장 만드는 기술을 연마했다. '장맛이 변하면 집안에 우환이 생긴다'라는 속담이 생기기도 했다.

누군가는 한국 문화에 깊숙이 뿌리 박힌 재료인 장이 우리나라는 물론 전 세계에서도 마땅히 높은 평가를 받고 귀중한 유산임을 널리 인정받아야 한다고 생각할 것이다. 같은 발효 식품이자 한국의 주식인 김치가 세계적으로 인정받았고, 김치를 만들고 나누는 풍습인 김장이 2013년에 유네스코 무형 문화유산으로 등재되지 않았던가. 하지만 장은 주목을 거의 받지 못했다가 최근에야 유네스코 무형문화유산으로 등재되었다. 왜 그럴까?

우선 1910년에 일본이 한국을 점령하면서 장 담그는 전통이 쇠퇴했다. 이 현상은 유교 문화권에서 600년간 이어진 조선 왕조의 통치가 끝나는 시점과 맞물린다. 전통을 지키려는 노력과 한국의 가족 중심적인 문화는 장

담그기의 두 가지 중요 요소였다. 그런데 일제 강점기 시대 한국의 국가 정체성을 억누르려는 정책의 일환으로 일본으로부터 집에서 장 담그는 풍습에 제재가 가해졌다. 그 대신 일본은 한국에서 생산된 대부분의 대두를 탐욕스럽게 본국으로 빼돌렸고, 동시에 산업화에 대한 광기로 장 생산 공장의 설립을 부추겼다.

제2차 세계대전부터 1953년 6.25 전쟁이 끝날 때까지 기근과 전쟁으로 장 담그는 풍습이 점점 쇠퇴했다. 수많은 한국인이 죽었고, 살아남은 사람들은 가난에 허덕이며 시간에 쫓긴 탓에 장 담그는 일은 웬만하면 상업적인 생산자들에게 넘겨줘야 했다. 이후 한국이 현대 자본주의 세계로 급속히 확장되면서 장을 담그는 문화는 더 이상 이어지지 않을 뻔했다.

하지만 2000년대에 들어서자 어릴 때 장 담그던 풍습을 기억하던 사람들이 하나둘씩 재래식 장을 찾기 시작했다. 수요에 반응한 것인지 아니면 욕구에 이끌려서인지, 장을 꾸준히 관리할 사람이 없어 어머니나 시어머니들이 골머리를 앓을 무렵에 장 생산자들의 자녀들이 가족 사업으로 돌아오기 시작했다. 신세대 장 생산자들은 다른 업종에 종사하다가 돌아온 사람들이라 예로부터 전해져 내려오는 장 생산 과정에 새로운 시야를 불어넣은 것이다. 이탈리아에서 2~3세대 와인 제조업자들이 도시를 떠나 가족 사업으로 돌아오면서 내추럴 와인 혁명이 탄력을 받은 것처럼, 젊은 세대의 귀환은 장 생산에 활기를 불어넣었다.

그와 동시에 장의 인기에 힘을 실어주듯, 자국의 문화를 외부로부터 알리고 세계인들에게 인정 받고자 하는 한국인의 노력으로 마침내 장의 가치가 다시 주목받기 시작했다. 특히 음악과 음식 같은 한국 문화는 세계인들에게 인정을 받고 나서 역으로 국내에서도 주목할 만한 가치가 있다고 재평가 받기도 했다. 오늘날에는 K팝, K뷰티, K바비큐처럼 뭐든 앞에 K가 붙으면 새롭고 쿨하다는 이미지가 생기는데, 이는 우연한 현상이 아니다. 2009부터 한국 정부는 한국 음식과 식재료를 세계에 널리 알리는 캠페인을 적극적으로 펼쳤다. 2010년대 초에 미국의 셰프들이 어쩌다가 '코리안 레드 페퍼 페이스트'라고 부르는 고추장을 너도나도 '발견'했다고 말했던 것은 사실 한국의 농림축산식품부가 거액의 예산을 들여 진행한 캠페인이 효과를 보았다는 뜻이다. 오늘날 미국 전역의 1세대 혹은 2세대 한국계 미국인 셰프들의 손끝에서 다양한 형태의 한식이 만들어지면서, 장은 더욱 깊게 탐구되고

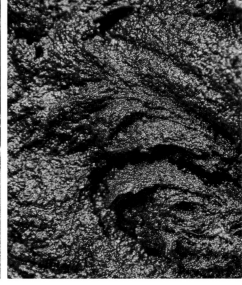

다채로운 방식으로 사용되고 있다. 그들의 모습을 본 한국인들은 우리 고유의 장 담그기 문화에 더 큰 자부심을 느낀다.

오늘날 전통 방식으로 만들어진 장들이 다시금 인정받고 있어 너무나 기쁘다. 정부의 지원으로 대한민국 초등학교에서는 학생들에게 장 담그는 법을 가르친다. 젊은 장인들은 숙련된 장인들에게 가르침을 받고 있다. 한국 전역의 장독 안에서 간장, 된장, 고추장이 숙성되고 있다. 세계 곳곳의 주방에서 장은 스파이스와 양념 섹션의 한자리를 꿰차려 하고 있다. 이제 매콤한 고추장 떡볶이, 마음을 위로해 주는 된장찌개 한 숟가락, 짭조름한 간장 불고기로 차린 저녁 등 매 끼니를 통해 사람들은 세상에서 가장 깊은 맛을 음미할 뿐 아니라 한국 전체를 아우르는 역사를 한입에 넣을 수 있는 것이다.

장은 어떻게 만들어지는가

장은 재료의 조합과 요리에 따라 다양한 개성을 보여준다. 그러나 장을 이루는 핵심적인 요소는 단 세 가지뿐이다. 바로 대두와 물과 소금이다. 장이 이토록 사랑받는 이유는 엄밀히 말해 장에 들어가는 재료들을 한국에서 합리적인 가격으로 쉽게 구할 수 있기 때문이다. 단순한 재료로 구성된 장을 만드는 과정에 특별한 비밀은 없다. 장인이 이 세 가지 요소를 다루는 방식에 따라서 장의 품질과 특성도 달라진다. 만드는 사람 이외에도 장의 마지막 두 가지 변수인 시간과 공간은 굉장히 중요하다. 여타 발효 식품처럼 장은 몇 시간, 며칠, 몇 년의 세월이 흐르면서 일어나는 화학적 변화에 의존한다. 또한 다른 '자연' 발효 식품과 마찬가지로 발효를 촉진하는 박테리아와 균류가 사는 환경에 큰 영향을 받는다. 만들어지는 지역, 자연환경, 만드는 사람의 성향에 따라 각각 다른 장이 나오는 것은 이런 이유 때문이다.

동남아시아 지역의 장은 주로 고기와 생선으로도 만들어졌지만, 한국을 비롯한 중국, 일본 등 동아시아 지역에서 지난 수천 년간 장을 만드는 데 쓰인 주요 단백질원은 대두였다. 발효를 포함한 장 만들기의 모든 과정은, 이 대두의 영양분을 보존하기 쉽도록 발전되었다. 오늘날 대두는 보리의 뒤를 이어 한국에서 두 번째로 많이 재배되는 작물이다. 한국에는 정식 등록된 대두의 종류와 품종이 90여 가지 이상 있지만, 주로 장을 만드는 데 쓰이는 것은 단백질이 풍부한 노란색 대두다. 한편, 제주도에서는 보기 드문 푸른색 대두를 사용한다.

장 담그기는 가을이나 겨울에 시작된다. 장을 담그는 시기는 10월 말에 이루어지는 대두의 수확과 자연스럽게 연결된다. 2022년 한국에서는 총 6만 4천 헥타르 면적에서 대두가 재배되어 13만 톤의 수확량을 기록했다. 참고로 같은 해 미국에서는 1억 1637만 7천 톤의 대두를 생산했지만, 대부분이 바이오 연료로 사용되었다. 첫서리가 내리면 한 해의 작물을 들판에서 노랗게 말린 다음 콩깍지를 털어 탈곡한 후 햇볕에 말린다. 이렇게 수확한 콩은 전국 각지로 보내지는데, 1년은 거뜬히 버틸 만큼 보관성이 좋다. 대

두를 전달받은 장인들은 대두를 씻고 불려 삶는다. 이 과정에서 전통적으로 가마솥을 쓰는데, 보통 야외에서 콘크리트 또는 흙으로 만든 부뚜막 아래에 불을 지피고 그 위에 올려서 사용한다. 대두를 여섯 시간에 걸쳐 삶는 과정은 다음 단계에서 잘 으깨지도록 대두를 무르게 하는 역할을 할 뿐만 아니라 중요한 생화학 작용도 한다. 생 대두에는 인체가 영양 흡수를 제대로 하지 못하도록 방해하는 트립신 저해제와 피틴산이 함유되어 있는데, 콩을 삶으면 이런 성분들이 날아간다.

간장과 된장

삶은 대두가 간장과 된장이 되는 과정은 고추장이 되는 과정과 조금 차이가 있다. 먼저 간장과 된장을 만드는 법을 이야기하고자 한다. 우선 삶은 대두를 소쿠리나 체에 걸러 수분을 최대한 빼 준다. 일단 삶은 대두가 손가락으로 가볍게 으깰 수 있는 상태가 되면 커다란 절구에 넣고, 절굿공이로 내리쳐 으깬다. 으깬 대두는 틀에 넣거나 손으로 네모지게 다듬어 메주로 만든다. 만드는 사람이나 지역에 따라 메주의 크기나 모양이 조금씩 다르다.

장의 마법은 바로 이 메주에서 시작된다. 진흙 벽돌을 닮은 메주는 간장과 된장을 만드는 토대로, 장이 주변 환경에 반응하고 미생물을 흡수하는 도구가 된다. 이 과정이 끝나면 지푸라기라고도 부르는 볏짚과 마주할 시간이 온다.

장 담그기의 수많은 요소와 마찬가지로 볏짚은 두 가지 임무를 수행한다. 첫 번째로는 건조 과정에 참여하는 것이다. 건조 과정은 날씨에 따라 다르지만 보통 4~5주가 걸리는데, 지푸라기 위에 메주를 올려 통풍이 잘 되는 곳에서 진행한다. 어느 정도 마른 후에는 밧줄 모양으로 엮은 볏짚 가닥을 이용해 메주를 동여맨 후 서까래에 매달아 메주가 숙성될 시간을 준다. 볏짚과 메주가 서로 맞닿는 일 자체엔 중요한 작용이 숨어 있다. 바로 볏짚에 자연적으로 존재하는 누룩 곰팡이를 말린 대두 덩어리에 주입하는 과정이다. 발효 과정에 시동을 거는 고초균은 감칠맛을 살리는 원동력이다. 일본에서 코지라고도 부르는 아스페르길루스는 쇼유, 미소, 쇼츄의 토대가 되고 한국에서는 간장, 된장, 고추장은 물론 막걸리 같은 술의 토대가 된다.

2~6주 동안 햇볕을 맞으며 서까래 아래 걸려 있는 메주에는 눈에 보이지 않는 활발한 활동이 일어난다. 대두에 함유된 단백질과 탄수화물은 아스페르길루스 곰팡이를 만나 변형되고 펩타이드라는 짧은 아미노산으로 분해된다. 펩타이드는 '감칠맛'이라고 부르는, 장맛의 정수인 '풍부한 맛'으로 바

뀔 것이다. 이에 못지않게 중요한 또 한 가지는 주변의 공기 중에 떠다니는 박테리아와 효모가 아스페르길루스와 협력해 이러한 탄수화물과 단백질을 먹어 치운다는 사실이다. 박테리아와 균류의 고유한 특성은 장맛을 결정하는 가장 중요한 요소다. 이는 장을 만드는 장인들에게 가장 신비스럽고 변덕스러운 과정이기도 하다.

날씨에 따라 다르겠지만, 거기에서 또 4~5주가 흐르고 메주의 건조 발효가 충분히 됐으면 이제 옹기에 담길 차례다. 어쩌면 한국에서 가장 전통적인 도기인 옹기는 여러 식품을 담는 데 쓰인다. 옹기가 장이나 김치를 담을 때 쓰이면 장독이 된다. 작은 장독은 김치를 넣어 발효할 때 쓰고, 용량이 무려 80L까지도 되는 커다란 장독은 장을 담아 놓는 데 쓴다. 옹기를 만드는 기술은 보호받을 가치가 있는 엄연한 예술이다. 한국 문화체육관광부에서 공식적으로 인정받은 옹기장이는 가장 어린 50대를 포함해 대략 스무 명밖에 없다. 옹기 제조는 육체적으로 몹시 고된 작업이다. 우선 모래 함량이 높은 점토를 손으로 주무르고 발로 밟아 기포를 제거하고, 물레에 얹어 느긋하게 돌리고 매끈하게 다듬어 완벽한 형태를 만든다. 그 다음 성형한 그릇을 20일간 말리고 부엽토와 흙으로 만든 유약을 입혀 거대한 가마에 넣고 굽는다. 이 모든 과정은 8주가 걸린다. 옹기의 크기와 모양은 지역에 따라 달라진다. 기온이 낮은 북쪽에서는 옹기가 길고 폭이 좁은 모양이지만 기온이 높은 남쪽에서는 옹기 폭이 넓고 길이가 짧은 경향을 보인다. 특히 옹기는 비교적 낮은 온도인 800℃쯤에서 굽는데, 그래야 옹기 기벽에 공기가 통과하는 작은 숨구멍이 생겨 장이 숨 쉴 수 있는 환경을 제공한다.

위스키에 오크통이 있듯이 장에는 장독이 있다. 장을 만드는 장인들의 작업장에는 흔히 볕이 잘 드는 좋은 터에 장독대가 있고, 거기에는 거대한 장독들이 줄지어 서 있다. 장독 안에서 메주는 드디어 장이 되는 여정을 함께할 동반자인 소금과 물을 만난다. 두 재료의 비율과 품질은 장맛에 커다란 영향을 미친다. 소금이 많고 물이 적으면 장은 제대로 발효되지 않는다. 한편 소금이 적고 물이 많으면 금세 시고 상한 맛이 난다. 물 안에 불순물이 들어 있으면 자연히 장에도 영향을 미치므로 깨끗하고 질 좋은 물이 필요하다.

비록 장독 안에서 가장 큰 역할을 하는 요소는 물과 소금이지만, 그게 전부는 아니다. 장독을 한지로 감싸고 무거운 뚜껑을 덮기 직전에 종종 숯덩이와 말린 홍고추 몇 개를 집어넣는다. 숯은 순수함을 뜻하고 고추의 빨간색은 악한 기운을 쫓아낸다고 믿었기 때문이다. 실제로 두 재료는 중요한 역할을 하는데, 숯은 정화 작용을 하고 고추에 든 캡사이신은 항균 작용을 한다. 민속과 과학의 또 다른 반가운 결합이 아닐 수 없다.

장이 발효되는 과정에서 가장 중요한 요소는 시간이다. 일단 메주를 장독에 넣고 나면 기다리고 또 기다린다. 소금물에 잠긴 메주는 장독 안에서 새롭게 탄생한다. 태양이 떠오르고 기움에 따라 기온이 오르고 내리는 사계절을 겪으며 장은 본격적으로 변모한다. 장은 장독 안에서 부풀었다 가라앉는데, 애초에 장독을 가득 채우지 않는 이유도 그 때문이다. 곰팡이는 놀랍도록 다양한 색과 질감으로 퍼진다. 검은색, 노란색, 흰색 곰팡이도 있고, 부드럽거나 단단하거나 솜털 같은 질감의 곰팡이도 생긴다. 메주가 부스러지면서 소금과 물을 만나면 박테리아와 균류는 소금, 물, 일교차의 영향을 받아 활동을 시작한다. 이때 숙련된 장인들은 이상적인 변화와 효소 활동을 위한 적정 온도를 위해 장독을 어디에 놓아야 하는지 정확히 알고 있다.

여기에서 다시 갈림길이 나타난다. 대략 6~9주가 지나면 된장과 간장을 분리하는 과정에 들어간다. 장인들은 중대한 결정을 하기에 앞서 장독 안을 들여다보며 많은 요소를 파악한다. 비중계로 액체의 염도를 재서 작업을 진행해도 되는지 판단하는 사람도 있고 장독을 열어서 죽처럼 으깨진 메주를 손으로 꺼내 만져 보며 본능적으로 판단하기도 한다. 이 시점에서 생산자는 어떤 장을 우선시할지 결정해야 한다. 메주가 액체 안에서 부드러운 상태로 오래 머무를수록 간장 맛은 풍부해지지만, 그러면 아미노산이 점점 간장으로 빠져나와 된장의 질이 떨어질 수밖에 없다. 기준이 어떻든 분리할 시간이 다가오면 장독을 개봉해 고형물을 손이나 국자로 건져내서 커다란 소쿠리 안에 담는다. 액체를 모아 따로 보관하고 건더기도 같은 방식으로 모아 각각 장독에 담는다. 액체는 간장이 되고 고형물은 된장이 된다.

그러고 나서 또 기다림의 시간을 견뎌 낸다. 된장은 적어도 몇 개월에서 최대 7년까지 숙성한다. 한편 간장은 최소 몇 개월에서 최대 10년까지도 숙성한다. 법적으로 판매용 간장은 반드시 1년간 숙성해야 한다. 된장은 법적으로 정해진 최소한의 숙성 기간이 없다. 관습상 한국에서 판매되는 재래식 장은 숙성 기간이 대략 3주~10년까지 다양하다.

박테리아와 균류가 활동을 오래할수록 더 많은 폴리펩타이드가 아미노산으로 분해되고, 그만큼 장맛도 더욱 깊어진다. 그러다가 효모가 지치는 순간이 오면 발효 과정은 끝난다. 하지만 그러는 와중에도 박테리아 활동은 여전히 활발하여 다양한 아로마를 발산한다. 1년 묵은 간장은 강한 짠맛이 나고, 3년 이상 묵은 간장은 달콤한 맛이 난다. 된장도 비슷한 과정을 거쳐 짠맛이 풍부한 감칠맛으로 바뀐다.

고추장

고추장은 간장, 된장과는 다른 별도의 과정을 거쳐서 만든다. 한국 정부에서 '넥스트 김치'를 선정할 때 국제적인 주목을 받을 수 있는 음식으로 고추장을 제일 먼저 꼽았다는 말도 이해가 간다. 아시아 전역에 콩을 발효한 다양한 식품이 존재하고, 일본의 쇼유나 미소처럼 한국의 장과 유사한 식품들도 많다. 하지만 고추장은 독창적이며 한국적인 뿌리를 가진 양념이다. 고추장의 주재료로 사용되는 고추가 한국에서만 자라나는 품종이기 때문이다. 할라페뇨와 하바네로 고추의 스코빌 지수가 각각 2,000SHU, 15만~57.5만SHU에 달하는 반면에, 한국 고추의 스코빌 지수는 고작 1,111~1,500SHU일 정도로 순하고 은은한 단맛이 난다. 한국에 고추가 전래된 시기에 대해서는 여러가지 학설이 있다. 16세기에 일본을 거쳐 들어온 포르투갈 상인들의 영향이라고 보는 시각이 지배적이었으나 최근에는 수백만 년 전에 새들에 의해 유입되었다고 추측하는 과학자들도 있다. 새들은 미각 수용기가 없어서 매운맛을 느끼지 못했으므로 고추씨를 먹고 퍼뜨릴 수 있었을 것이다.

고추가 고추장에서 중요한 역할을 하고 있지만, 다른 장과 마찬가지로 그 토대는 대두다. 하지만 다른 장이 대두, 소금, 물로만 이루어졌다면 고추장은 쌀, 찹쌀가루, 조청, 엿기름 그리고 고춧가루 등 다양한 재료로 만들어진다. 고추장이 이토록 매력적인 이유는 다양한 조합이 가능하기 때문이다.

고추장용 메주는 간장, 된장용 메주와 모양도 성분도 다르다. 간장과 된장을 만들 땐 오직 대두만으로 메주를 만들지만, 고추장을 만들 땐 쌀과 대두를 각각 4 대 6 비율로 삶아서 메주를 만든다. 고추장용 메주는 다른 메주보다 작은 벽돌 모양으로 만들거나 동그란 야구공 모양으로 만든다. 메주는 말린 다음 지푸라기로 묶어 3주간 그대로 발효한다. 고추장용 메주에는 탄수화물 함량이 높은 쌀이 들어 있어서 간장이나 된장을 만드는 메주보다 곰팡이가 빨리 핀다.

고추장을 담글 때는 된장, 간장처럼 메주를 장독에 바로 넣지 않고 가루로 만들어서 넣는다. 엿기름 혹은 조청에 찹쌀가루를 넣고 끓인 뒤, 곱게 간 메줏가루와 고춧가루를 더해 섞고 완성된 고추장을 장독에 보관한다. 다른 장과 마찬가지로 이 시점에서 고추장이 열에 부풀고 냉기에 수축하는 과정을 반복하며 고추장 속 효소가 마법을 발휘한다.

명인들은 고추장을 만들 때 재료를 끓이는 온도와 시간은 물론 각 과정마다 발효하는 시간 등 각각의 요소를 저마다 다르게 설정한다. 소금 대신 간장을 쓰는 장인도 있고, 찹쌀가루뿐 아니라 찐 찹쌀을 넣는 장인도 있다. 사용하는 곡류도 현미, 보리, 수수 등 다양하다. 남서부의 충청남도에서 딸기 고추장을 만드는 것처럼 장인들은 그 지역에서 자란 제철 재료를 활용해 고추장을 만든다. 1차적으로 가장 눈에 띄는 차이를 내는 요소는 일조량과 고춧가루 사용량이지만, 사실 그보다 중요한 것은 아스페르길루스와 박테리

아가 발효 활동을 할 수 있도록 제대로 관리하는 것이다.

고추장은 6개월만 숙성하면 먹을 수 있지만, 보통 판매되는 제품은 1년 숙성한 것이다. 장독에서 오래 숙성될수록 자연스럽게 매운맛과 산미가 줄어들고 맛이 깊어진다. 하지만 된장과 간장을 만들 때와는 달리 고추장은 숙성 시간을 몇 년씩 길게 늘린다고 맛에 큰 영향을 주지 않는다. 1년이면 숙성 과정이 끝나서 고추장은 꽃 향을 내며 매운맛, 단맛, 짠맛에 감칠맛이 조화롭게 어우러진 중독적인 맛을 뽐낸다.

이 책을 활용하는 방법

이 책은 간장, 된장, 고추장에 맞춰 세 파트로 나뉘어 있고, 소개된 요리에 주로 사용된 장에 따라 레시피를 파트별로 구분했다. 한 요리에 하나의 장만 사용할 필요는 없다. 두 가지 장을 한 요리에 활용하면 더 복합적이며 서로의 특성을 보완하기도 한다. 가벼운 마음으로 책장을 넘기다가 맛있어 보이는 요리가 나타나면 어떤 장을 활용했던 간에 따라 만들어 보라. 아니면 맛있어 보이는 요리를 두세 가지 선정해 본인만의 코스 요리를 만들어 보면 더 좋겠다.

각각의 파트에 실린 레시피들은 국, 찌개, 찜, 조림, 볶음 등 다양한 한식은 물론 파스타, 리소토, 샌드위치, 크렘 브륄레 같은 서양 요리와 쌀 요리, 면 요리, 디저트까지 알차게 구성되었다. 채소, 해산물, 고기, 가금류, 계란, 유제품 등 다양한 식재료를 활용해 평소 요리책을 자주 접하는 독자라면 쉽게 이해할 수 있는 구성이다. 하지만 이 책은 한국인들이 일상적으로 집에서나 외식에서 흔히 먹는 음식들이 많이 소개되고 있어 한국인들의 식생활을 세계에도 소개하는 데 그 목적이 있다.

서양 정찬요리는 보통 코스에 맞추어 순서대로 음식을 내온다. 애피타이저, 샐러드, 수프, 거기에 파스타가 추가되기도 하고, 그 다음 메인 코스가 나온다. 식사가 시작되면서 한 번에 하나씩 적은 양의 요리를 순서대로 서빙한다. 전통적인 한국의 식사는 시간이 아닌 공간 차원으로 전개되기에 모든 음식이 한꺼번에 나오는 한상차림 문화다. 이러한 문화는 요리하는 방식에도 자연스럽게 영향을 미쳤다. 모든 요리를 식탁에 앉은 다른 사람들과 함께 즐겨야 하기 때문이다.

한상차림 중에서도 반상 문화는 약 500년간 이어진 조선 왕조 때 만들어졌다. 당시엔 유교의 영향으로 계급을 중시하던 시대라 반상의 구성도 사회 계급에 따라 조금씩 달랐다. 반상은 기본적으로 밥, 국 또는 찌개, 장, 김치, 세 가지 반찬으로 이루어졌고 이를 3첩 반상이라고 불렀다. 기본 구성인 밥, 국 또는 찌개, 장, 김치는 필수였고, 3첩에서 5첩, 7첩, 9첩, 왕족의 경우

12첩까지, 계급이 높을수록 반찬 가짓수도 늘었다. 반찬은 재료와 조리법은 물론 매운맛, 짠맛, 단맛, 감칠맛과 발효된 맛까지 그 범위가 넓었다. 식사를 하는 사람이 각자의 취향에 맞추어 그림을 그리듯 밥과 다양한 반찬을 즐기는데 이때 반찬은 팔레트에 담긴 다양한 물감과 같았다. 한상차림에서는 하나의 음식만 오롯이 즐기지 않고, 밥을 기본으로 다양한 반찬을 더해 먹는 상호의존적인 구성이다. 나는 이 식사법이 한식의 특징이자 매력이라 생각한다.

이 책에서 화려한 궁중요리를 찾지는 못할 것이다. 그 대신 내가 어릴 적부터 먹었던 요리, 가족과 친구들에게 자신 있게 만들어 주는 일상적인 한국 요리, 장이 세계적으로 통용될 수 있는 양념이란 걸 보여주는 서양 스타일 요리 레시피를 두루 실었다. 오늘날 대부분의 한국 가정에서는 전통적인 형태의 반상 구성으로 식사하지는 않는다. 생활 습관이 바뀐 현대인들은 간소화된 형태의 식사를 즐긴다. 밥과 국, 다양한 반찬이 따로 제공되는 것이 아니라, 비빔밥이나 덮밥같이 그 메뉴 자체가 하나의 식사가 되는 한 그릇 음식이나, 주 요리 하나에 한두 가지의 반찬을 곁들여 먹는 식이다.

이 책에 실린 요리 중 상당수는 전통적인 반상의 구성으로 상에 오르던 메뉴이다. 또한 책에 실린 다양한 레시피들을 어떤 식으로 구성해서 나만의 상차림을 만들 수 있는지를 고민한다면 누구나 훌륭한 만찬을 준비할 수 있다(42p 참고). 내가 개인적으로 제안하는 방식은 반찬을 두세 가지 고르고, 국이나 찌개 한 종류와 메인 메뉴를 하나 골라 한국식 상차림을 준비하는 것이다. 또한 반찬 한두 가지를 애피타이저처럼 고르고, 서양식 또는 특별한 메인 메뉴 목록에서 하나를 골라 코스처럼 식사를 구성해도 좋다. 한국의 전통적인 상차림 구성은 다양한 조리 방식을 사용하는 것을 원칙으로 했다. 예를 들어 하나의 반찬을 찜 조리법으로 만들면 다른 반찬에는 그 조리법을 사용하지 않는 것이다. 하지만 오늘날 상차림에서 볼 때 이런 원칙은 조금 과하다고 생각한다. 식사를 구성할 때 가장 중요한 것은 영양의 균형을 맞추며, 중복되는 맛을 피해 맛있게 음식을 준비하는 것이다.

나만의 상차림

* 이 책에서 사용하는 계량법
  1컵=240m
  1큰술=15ml
  1작은술=5ml

한국 요리의 기본양념 재료

한국 요리는 기본양념 재료를 중요하게 활용한다. 한국인들은 음식에 깊은 맛을 내면서도 요리에 들이는 시간을 줄일 수 있는 방법을 고민해 왔다. 여기에서 소개하는 양념의 상당수는 깊은 감칠맛을 내는 발효 식품들이다. 그 외 다른 양념 재료는 이 책에 소개된 요리를 할 때뿐만 아니라 당신이 일상적인 요리를 할 때에도 유용하게 사용할 수 있을 것이다.

장

이 책을 쓰게 된 이유이자 한식에서 가장 중요한 재료는 장이다. 지금부터는 장을 고를 때 어떤 것을 확인하고 선택해야 하는지 설명하겠다. 추천 제품의 전체 목록은 205p에서 확인할 수 있다.

간장

이 책에서 언급하는 장은 대부분 신비롭고 풍미가 뛰어난, 장인들이 만든 재래식 장과 관련이 있다. 그러나 모든 장이 장인의 손끝에서 만들어지는 것은 아니며, 모든 요리에 비싼 장을 쓸 필요는 없고 오히려 시판 장을 쓰는 편이 나을 때도 있다. 간장은 일반적으로 양조간장, 한식간장, 혼합간장(산분해간장) 세 종류가 있다.

개인적으로 가정에서는 진간장 사용을 추천하지는 않는다. 현재 진간장이라는 이름으로 유통되는 상품들은 19세기 후반 일제 강점기 때 일본인들이 자국 군인들에게 보급할 목적으로 화학 처리 과정을 거쳐 만든 값싼 간장에서 유래되었다. 진간장은 발효 과정 대신 염산에 대두를 삶아 액화시키고 여과와 정제 과정을 거친 다음 착색제, 향미료, 방부제를 첨가해서 만든다. 진간장은 외형도 맛도 얼핏 보면 간장이지만 진짜 간장이 아닌 것이다.

양조간장과 한식간장은 모두 필수 재료이므로 무엇 하나를 고르기보다는 두 종류 다 구비해 놓길 바란다.

양조간장

양조간장은 단연코 한국에서 가장 널리 사용되는 간장으로 비교적 저렴한 비용을 들여 대량 생산할 수 있다. 한식간장이 자연적으로 발효시킨 메주로 만든다면 양조간장은 콩기름 생산 과정의 부산물인 탈지대두에 '아스페르길루스 오리제'나 '아스페르길루스 소예' 곰팡이를 접종해서 만든다. 한국에서 장을 만드는 대표적인 기업 중 하나인 샘표의 연구소에는 수십 년간 연구한 다양한 자체 곰팡이 균들을 급속 냉동고에 비밀스럽게 보유하고 있다. 양조간장은 간장을 생산하는 모든 변수를 제어할 수 있으므로 표준화가 잘되어 있고, 일관되게 생산되며 가격도 더 합리적이다.

맛으로 따지자면 양조간장은 재래식 간장보다 산뜻하고 깔끔한 맛이 나며 단맛도 있어 맛에 균형이 잘 잡혀 있다. 나는 주로 찜, 조림 등 열을 가

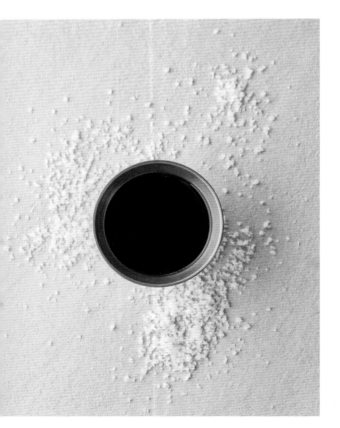

하고 요리에 많은 양의 간장이 필요할 때에 양조간장을 쓴다. 가장 흔하면서도 품질이 좋은 양조간장 중에는 샘표 501시리즈와 701시리즈가 있다. 숫자는 대두 함량과 직접적으로 관계가 있는 총질소(TN; Total Nitrogen) 함량 값과 관련이 있는데, TN값이 클수록 품질이 좋다. 501은 TN값이 1.5%고, 701은 TN값이 1.7%다. 우리 레스토랑에서 가장 많이 사용하는 장이다.

한식간장

한식간장은 간장 중에서도 맛의 최고봉이다. 조선간장, 국간장, 재래간장이라고도 부르는 한식간장은 장인들이 전통 방식을 따라 만든다(30p 참조). 더 비싸고 맛이 다채로운 한식간장은 장 세계의 엑스트라 버진 올리브유다. 나는 국, 나물, 비네그렛, 섬세한 소스를 만들 때처럼 간장 맛이 확실히 드러나는 요리에 한식간장을 쓴다. 양조간장보다 확연히 짜고 깊으며 복잡한 맛이 난다.

맛의 범위가 워낙 넓기 때문에 한식간장을 고르는 일은 개인 취향 문제다. 아미산쑥티 제품처럼 고기 풍미가 나는 한식간장도 있고, 맥꾸룸 제품처럼 깔끔하면서도 생선의 짭짤한 풍미가 나는 한식간장도 있다. 한식간장의 맛은 제조 방법, 보관 방법, 숙성 기간 등 여러 요인에 따라 달라진다. 장을 탐구하는 여정 중 내가 가장 좋아하는 과정은 다양한 장을 맛보는 것이었다. 여러분도 그 재미를 느낄 수 있길 바란다.

몇 년 전까지만 해도 미국에서 한식간장을 찾는 일은 굉장히 어려웠는데, 요즘에는 여러 선택지가 있다. 미국에 수출이 되는 브랜드 중 내가 좋아하는 곳으로는 청송군의 녹지대에 자리한 황금빛조선맥간장(151p 참고)을 만드는 맥꾸룸과 성주군의 백말순, 담양군 대나무숲에서 10대에 걸쳐 장을 만드는 명인 기순도가 있다. 더불어 미국에서는 구할 수 없어서 아쉽지만 제주도 푸른콩방주의

한식간장도 꼭 추천하고 싶다.

된장

된장도 간장과 마찬가지로 양조된장과 한식된장이 있다. 된장의 사용법은 간장과 비슷하다. 차가운 애피타이저나 국, 찌개처럼 된장 맛이 드러나는 요리에는 한식된장이나 재래식 된장을 사용한다. 찜이나 볶음 등 고기에 맛을 더하는 양념이나 각종 소스를 만들 때는 양조된장이 좀 더 적합하다. 된장의 순한 맛과 강렬한 맛을 둘 다 내고 싶다면 두 종류를 섞어서 쓰면 된다(52p 참고).

양조된장

양조된장은 보통 일반된장이라고 부른다. 양조간장과 마찬가지로 탈지대두에 효모와 균주를 주입해서 만든다. 된장을 고를 때에는 뒷면의 식품성

분표에서 원재료명이 가장 짧은 제품을 찾는 게 최고다. 또한 밀, 설탕, 방부제, 인공색소를 첨가한 제품은 피한다.

품질이 좋으면서도 가장 구하기 쉬운 브랜드인 CJ 해찬들은 균주와 배양된 효모를 혼합해서 된장을 만든다. 또 다른 선택지는 청정원의 순창 된장이다.

한식된장

앞에서 메주로 시작되는 전통 장을 만드는 방법을 설명했듯이 간장과 된장은 운명 공동체이다. 따라서 한식간장을 만드는 장인들이 한식된장을 판매하는 것은 당연한 일이다. 한식된장은 깊은 맛에서 순한 맛까지 다양하다. 내가 좋아하는 제조업체 중 맥꾸룸(151p 참고)에서는 조선맥간장과 황금빛맥된장이라는 맛있는 한식 전통 장을 만든다.

고추장

해외에서 가장 유명한 장인 고추장은 제품군이 다양하다. 대부분의 브랜드는 한국에 있지만, 미국에서도 고추장을 만드는 장인들이 늘고 있다. 된장, 간장과 달리 고추장은 전통적으로 양조나 한식으로 나뉘지 않기 때문에 어떤 제품을 골라야 할지 결정하기가 좀 더 까다로울 수 있다.

다른 장과 마찬가지로 좋은 품질의 고추장을 찾는다면 원재료의 구성이 단순한 제품이 믿음직하다. 고추장은 간장, 된장보다 다양한 재료가 들어간다. 이를테면 찹쌀가루, 밀가루, 메줏가루와 고춧가루가 있다. 대부분의 고추장에는 설탕, 맥아조청, 곡물 조청, 물엿 등 일종의 감미료가 한 가지 들어간다. 고추장을 고를 땐 고춧가루의 질 또한 매우 중요하다. 은은한 단맛과 매콤하고 깊은 감칠맛이 나는 고추장을 찾는다면 원재료에 '태양초'라고 적혀 있는 햇빛에 말린 한국산 홍고추를 사용하였는지 체크하고, 엿기름, 조청 등의 감미

으면 매운맛을 강하게 내기 위해 흔히 더 매운 청양고추를 넣은 것이다.

나는 GHU 1단계와 2단계에 해당하는 순한맛과 덜 매운맛을 선호하는 편이다. 좋은 고추장을 요리에 사용하면 재료 자체의 감칠맛이나 좋은 향은 부각되고 쓴맛이나 부정적인 맛은 감춰 준다. 적당한 맵기는 식사하면서 내가 좋아하는 와인 한 잔을 곁들이기도 좋다.

내가 자주 사용하고 시중에서 쉽게 구할 수 있는 고추장 브랜드는 CJ 해찬들 제품과 현미 조청이 함유된 대상 청정원 제품이다. 훌륭한 재래식 고추장이 생산되는 지역은 고추장으로 가장 유명한 전라남도 순창이다(199p 참고). 시중에서 구할 수 있는 가장 좋은 품질의 고추장으로는 7대째 내려오는 전통을 이어 나가는 순창 문옥례 명인의 고추장과 은은한 꽃 향에 달콤함, 매콤함에 감칠맛까지 균형 잡힌 강순옥 명인의 고추장이 있다.

료가 들어간 고추장을 추천한다.

양파, 찐밀쌀분, 마늘, 중국산 고추를 혼합해 만든 '고추 양념'은 고춧가루와는 완전히 다르고 '고추 양념'을 쓰거나 인공 msg 등이 첨가된 고추장은 대량 생산된 저렴한 공장의 고추장이다.

매운맛의 정도는 기호의 문제다. 2010년에 농림수산식품부와 한국식품연구원에서 고추장 매운맛 단위(GHU; Gochujang Hot-Taste Unit)라고 부르는 매운맛 등급 규격을 표준화했다. 매운맛 등급은 고추에 든 유효 화학 성분인 캡사이신 함유량을 기준으로 1단계 순한맛, 2단계 덜 매운맛, 3단계 보통 매운맛, 4단계 매운맛, 5단계 매우 매운맛, 총 다섯 단계로 나뉜다. 고춧가루 자체의 스코빌 지수는 1,500 이하일 정도로 맛이 비교적 순하므로 GHU 4단계인 매운맛이거나 그보다 높

그 외에 많이 쓰이는 기본양념

장은 한국 음식을 요리하며 가장 먼저 준비해야 하는 필수 식재료지만, 이 책에 실린 레시피를 따라 요리할 때 필요한 재료가 장뿐만은 아니다. 쌀처럼 한국 식문화에서 정말 중요한 식재료부터 요리에 정점을 찍어줄 들기름까지, 다음에 소개되는 기본양념을 주방에 갖춰 두면 한국 요리를 만들기 위해 기본은 준비된 셈이다.

액젓

염장한 생선으로 만든 액젓은 예로부터 한국 식문화에서 귀하게 여겼던 젓갈로 만든다. '액젓'의 의미는 '액체 상태의 젓갈'이라는 뜻이다. 오늘날 주로 쓰이는 액젓은 두 가지 종류로 일반적으로 많이 쓰이는 멸치액젓이 있다. 다른 하나는 모랫바닥에 서식하며 작은 미생물을 먹고 자라는 까나리로 만든 액젓이다. 장에 콩에서 발현되는 감칠맛이 듬뿍 들어 있다면, 액젓에는 해산물에서 나오는 천연 감칠맛이 가득하다. 액젓을 장과 함께 국, 찌개, 샐러드 등 다양한 요리에 사용하면 액젓 특유의 발효 풍미와 감칠맛을 더해 음식이 더욱 맛있고 매력적으로 변한다.

현미식초

이탈리아에 발사믹 식초가 있고 프랑스에 화이트 와인 식초가 있다면, 한국에는 현미식초가 있다. 일반 양조식초보다 한식 요리에 두루 쓰이는 현미식초는 샐러드부터 해산물에 들어가는 드레싱까지, 다양한 요리에서 단맛과 잘 어우러지는 상큼한 신맛을 낸다. 흔히 쌀막걸리로 만든 막걸리 식초는 산도가 높고 발효취가 조금 더 강하다.

튀김가루

한국식 양념치킨(171p 참고) 맛의 비결은 장이다. 하지만 튀김옷의 비밀은 밀가루, 옥수수 전분, 베이킹파우더에 양파가루, 흑후춧가루, 마늘가루 등 다양한 향신료를 혼합해서 만든 이 튀김가루에 있다. 내가 가장 좋아하는 브랜드는 CJ의 백설 튀김가루다. 설탕을 제외한 적당한 양의 향신료가 함유되어 있고, 완벽에 가까울 정도로 바삭한 식감과 황금빛 튀김을 만들 수 있기 때문이다.

홈메이드 튀김가루

약 7컵(915g) 분량

중력분 7컵(880g)
마늘가루 1큰술과 1작은술
양파가루 1큰술과 1작은술
소금 1작은술

밀폐용기에 중력분, 마늘가루, 양파가루, 소금을 체 쳐 넣는다. 건냉한 곳에서 3개월간 보관할 수 있다.

들기름

참기름과 마찬가지로 들기름은 볶은 깨로 만든다. 들기름은 들깨에서 짜는데, 이 들깨의 잎이 우리가 국, 볶음 요리에 쓰거나 상추와 곁들여 쌈으로 먹는 깻잎이다. 들깨로 기름을 짜면 구수한 맛이 나고, 참깨보다 부드러우면서도 더욱 풍부한 향이 난다. 들깨가 잘 자라고 소비량이 많은 남부 지방에서는 종종 참기름과 들기름을 혼용한다. 하지만 개인적으로 김치비빔국수(179p)나 육회비빔밥(176p)같이 열을 가하지 않고 차갑게 먹는 요리나 섬세한 요리에는 들기름을 사용하는 것을 선호하는 편이다.

가루류

가루류는 한국 요리에서 자주 등장하는 국, 찌개, 묽은 양념장, 되직한 양념장을 만들 때 다양한 부재료나 향신료들이 액체에 쉽게 녹아들고 섞일 수 있도록 곱게 빻아낸 재료들이다.

고춧가루

고춧가루는 한식의 가루류 중에서 단연코 가장 중요한 재료이다. 고춧가루는 고추장과 김치의 핵심 재료일 뿐 아니라 다른 요리에도 폭넓게 쓰인다. 고춧가루는 닭볶음탕부터 배추 소고기전골, 회무침 등 많은 요리에 자연스러운 매운맛을 더한다. 고춧가루는 고운 고춧가루와 굵은 고춧가루 두 종류를 구비해야 한다. 드레싱이나 묽은 양념장, 채소를 살짝 데쳐낸 나물류에는 고운 고춧가루를 사용한다. 오랫동안 끓이는 국물 요리에는 굵은 고춧가루를 사용한다.

된장 파우더

된장 파우더는 한식에서는 흔히 사용하는 재료가 아니지만, 한번 만들어 두면 다양한 곳에 활용이 가능하다. 된장을 말려 가루 형태로 만들어 소금이나 향신료처럼 사용하는 것이다. 된장 파우더는 일반 소금보다 나트륨 함량이 적고 요리에 감칠맛과 짭짤한 맛을 낸다.

> 된장 파우더 50g을 만들기 위해서는, 오븐 팬에 유산지를 깔고 된장 100g을 아주 얇게 펼친 다음 70℃로 예열한 컨벡션 오븐에 넣고 6시간 말린다. 블렌더 혹은 절구를 사용해 말린 된장을 가루 형태로 빻는다. 밀폐용기에 담아 냉동실에 넣으면 3개월까지 보관할 수 있고, 상온에 두면 1개월간 보관할 수 있다.

고추장 파우더

된장 파우더와 마찬가지로 고추장 파우더도 시중에서 쉽게 구할 수 없지만, 나에겐 유용한 재료다.

고춧가루는 매운맛을 더하고 된장 파우더는 짭짤한 맛과 감칠맛을 내는 반면에 고추장 파우더는 세 가지 맛을 모두 낸다. 감자튀김부터 팝콘, 비스킷 샌드위치까지 어디에나 고추장 파우더가 더해지면 색다른 맛을 느낄 수 있다.

> 고추장 파우더 70g을 만들기 위해서는, 오븐 팬에 유산지를 깔고 고추장 100g을 아주 얇게 펼친 다음 70℃로 예열한 컨벡션 오븐에 넣고 6시간 말린 후 거의 다 마른 고추장을 뒤집어 6시간 더 말린다. 블렌더 혹은 절구를 사용해 말린 고추장을 가루 형태로 빻는다. 밀폐용기에 담아 냉동실에 넣으면 3개월까지 보관할 수 있고, 상온에 두면 1개월간 보관할 수 있다.

쌀

쌀은 한국인들에게 매우 중요한 식재료이다. 한국인의 식탁은 쌀밥을 기본으로 국이나 찌개 등 다양한 반찬이 더해져 모든 구성이 완성되기 때문이다. 따라서 이 책에 실린 한식 요리를 제대로 즐기기 위해서는, 맛있는 쌀밥 짓기가 필수이다. 다만 빵이나 다른 탄수화물이 있어 쌀밥이 필요 없는 서양식 요리인 풀드포크 샌드위치(194p)나 쌈장 카치오 에 페페(130p)는 예외다. 1인분의 쌀밥을 지을 때는 쌀 1/2컵~3/4컵(100g~150g)이 적당하다. 전기압력밥솥이 있으면 밥짓기가 쉽겠지만, 무쇠 냄비로 밥짓는 방법도 소개한다.

전기밥솥으로 밥 짓는 법

4¾컵(950g), 4~5인분 분량

백미 2½컵(500g)

큰 볼에 쌀과 찬물을 넣고 쌀을 살살 비벼가며 헹군다. 물을 버리고 깨끗한 물을 받아 다시 쌀을 살살 비벼가며 헹군다. 탁한 물이 보이지 않을 때까지 이 과정을 두세 차례 반복한다.

쌀을 체에 걸러 물기를 제거하고 무게를 잰다. 씻은 쌀에 물을 더 넣어 1050g의 무게를 맞춘다.*

계량한 쌀과 물을 밥통에 넣는다. 쌀 윗면을 평평하게 만든 후 사용법에 맞추어 전기압력밥솥을 작동시킨다.

참고 2½컵(500g)보다 적은 양의 밥을 짓는다면 물의 양을 2큰술 늘린다.

냄비밥 짓는 법

4¾컵(950g), 4~5인분 분량

백미 2½컵(500g)

큰 볼에 쌀과 찬물을 넣고 쌀을 살살 비벼가며 헹군다. 물을 버리고 깨끗한 물을 받아 다시 쌀을 살살 비벼가며 헹군다. 탁한 물이 보이지 않을 때까지 이 과정을 두세 차례 반복한다.

쌀을 체에 걸러 물기를 제거하고 무게를 잰다. 씻은 쌀에 물을 더 넣어 1100g의 무게를 맞춘다.*

뚜껑이 있는 커다란 무쇠 냄비에 쌀을 넣고 물을 붓는다. 뚜껑을 닫고 중불에 올려 약 5분간 끓인 다음 뚜껑을 열고 쌀이 눌어붙지 않도록 냄비 바닥을 한두 차례 긁어 준다. 뚜껑을 닫고 약불로 줄인 다음 15분간 더 가열한다. 냄비를 불에서 내리고 뚜껑을 닫은 채로 10분간 뜸 들인다.

밥이 다 됐으면 밥주걱을 사용해 위아래로 골고루 섞어 준다.

* 전기압력밥솥의 경우 쌀 무게의 1.1배의 물을, 냄비밥의 경우 쌀 무게의 1.2배의 물을 넣는 것인데, 씻는 과정에서 쌀이 물을 흡수하기 때문에 단순히 분량의 물을 추가하는 대신 쌀과 물을 합친 무게를 재는 것이 정확하다.

참기름

참기름은 요리에서 다양한 맛들을 하나로 어우른다. 일본, 중국과 마찬가지로 한국 역시 참깨를 볶아 기름을 짜낸다. 특유의 고소한 맛과 견과류 향은 참깨를 볶는 정도에 따라 달라지며, 참깨의 원산지도 중요하다. 참기름은 보통 요리를 마무리할 때나 드레싱을 만들 때 쓰이는데 맛이 강한 만큼 세심하게 사용해야 한다. 참기름을 구입할 때는 반드시 참깨가루(참깨분)가 아닌 100% 통참깨를 사용하는 브랜드 제품으로 고른다.

볶은 참깨

한국에서는 다양한 견과류가 자라지 않기 때문에 음식에 고소한 맛을 내기 위해 볶은 참깨를 주로 사용한다. 볶은 참깨는 한식의 단골 식재료이며 음식을 장식할 때에나 나물, 볶음, 샐러드 등 다양한 음식에 맛을 낼 때 사용한다. 음식에 따라 고명으로 올릴 때 통참깨를 사용하기도 하고, 요리에 특성에 따라 통참깨를 곱게 간 깨소금을 사용하기도 한다. 깨소금은 통참깨를 구입해서 용도에 맞게 절구 또는 참깨갈이로 그때그때 갈아서 써야 고소한 향이 유지된다.

육수

한식에 육수가 얼마만큼 중요한지를 설명하자면 한식과 육수를 주제로도 책 한 권은 쓸 수 있을 정도로 내용이 많고 중요하다. 육수는 장과 마찬가지로 한국 요리를 놀랍도록 풍부하게 만드는 요소이다. 하지만 이 책은 온전히 육수에 관해 쓴 책이 아니므로 두 가지 기본 육수인 닭육수와 멸치육수로 범위를 좁혔다.

여기에 소개한 닭육수는 프랑스나 서양의 요리에서 만나 볼 수 있는 닭육수와 크게 다르지는 않다. 단 멸치육수는 아시아, 특히 한국에서 많이 사용되는 육수다. 멸치육수는 좀 더 풍부한 감칠맛을 내기 위해 다시마와 각종 채소를 넣는다. 멸치육수는 그 자체로도 다양하게 사용하지만, 배추 쇠고기 된장전골(121p)처럼 진한 맛이 나는 소고기 육수와 함께 블렌딩하여 사용될 때는 본연의 맛을 해치지 않으면서도 섬세함과 감칠맛을 더해 준다.

닭육수

4½컵(1.1L) 분량

닭(1kg) 1마리
1cm 두께로 썬 대파 1대
통흑후추 5알
깐 마늘 3알

차가운 물로 닭을 씻는다. 내장과 핏물 그리고 꼬리 쪽에 붙은 지방을 제거한다.

커다란 솥에 닭, 대파, 통후추, 마늘을 넣고 찬물 4½컵(1.1L)을 붓는다. 중불에 올려 끓이면서 표면에 떠오르는 불순물을 제거한다. 불을 줄이고 이따금 표면에 떠오르는 불순물을 제거하면서 1시간 30분 동안 뭉근히 끓인다.

체에 면 보자기를 깔고 커다란 통 위에 올린다. 준비한 체에 육수를 거르고, 맛이 육수로 다 빠져나가 쓸모 없어진 닭은 버리거나 혹은 살코기만 발라 다른 요리에 활용한다. 통을 얼음물에 올려 빠르게 식히거나 그대로 상온에서 식힌다. 뚜껑을 닫고 완전히 식을 때까지 냉장고에 3~4시간 보관한 후 표면에 굳은 기름을 제거한다. 육수는 냉장고에 넣어 3일간 보관할 수 있고, 밀폐용기에 담아 냉동실에 넣으면 3개월간 보관할 수 있다.

멸치육수

5컵(1.2L) 분량

말린 대멸치 100g
1cm 두께로 썬 대파 흰 부분 1대
껍질 제거 후 1cm 크기 주사위 모양으로 썬 무 1/3개
사방 15cm 크기의 건다시마 1장(10g)

멸치 내장을 제거한다. 프라이팬을 강불에 올린 후 멸치를 넣는다. 5분간 타지 않도록 계속 저으면서 멸치에 남아 있는 수분을 날린다. 멸치를 꺼내 식힌다. 혹은 프라이팬을 쓰는 대신 멸치를 작은 볼에 담고 전자레인지에 넣는다. 타지 않도록 15~30초마다 저어주면서 약 1분간 돌린다. 전자레인지에서 꺼내 식힌다.

커다란 솥에 멸치, 대파, 무, 다시마를 넣고 찬물 8⅓컵(2L)을 붓는다. 중불에 올려 끓이면서 표면에 떠오르는 불순물을 제거한다. 불을 줄이고 이따금 표면에 떠오르는 불순물을 제거하면서 채소가 무를 때까지 30분 동안 뭉근히 끓인다.

체에 면 보자기를 깔고 커다란 통 위에 올린다. 준비한 체에 육수를 거른다. 통을 얼음물에 올려 빠르게 식히거나 그대로 상온에서 식힌다. 육수는 냉장고에 넣어 3일간 보관할 수 있고, 밀폐용기에 담아 냉동실에 넣으면 3개월간 보관할 수 있다.

그 외 도구

찜기

유리 뚜껑이 딸린 튼튼한 이삼 단짜리 스테인리스 스틸 찜기를 사면 유용하지만, 찜기가 없다면 커다란 냄비 바닥에 공 모양으로 뭉친 쿠킹호일 세 개를 넣고 그것을 받침대 삼아 접시를 올린 후 바닥에서 2.5cm 높이까지 올라오도록 물을 붓는다. 뚜껑을 닫고 불에 올리면 가스레인지용 찜기가 완성된다. 한식의 특성상 이 책에는 찜기를 이용한 요리가 많이 실려 있으므로, 한 번 구입해 두면 유용하게 사용할 것이다.

장 바리에이션 양념 만들기

장을 원색이라고 생각해 보자. 원색은 그 자체로도 강렬하고 매력적이지만 다른 색과 섞여 다양한 빛을 만들어 낸다. 이처럼 장은 다른 장이나 여러 재료들과 섞여 다양한 양념으로 사용할 수 있다. 쌈장처럼 잘 알려진 양념장도 있고 그보다 덜 알려진 양념장도 있다. 식초를 섞어 만든 초고추장처럼 일부 양념장은 슈퍼마켓에서 구할 수 있지만, 사실 집에서도 쉽게 만들 수 있으니 양념장을 직접 만들어 보는 것을 추천한다. 장을 활용해 다양한 양념장을 만드는 것을 우리는 장 바리에이션이라 부른다.

장 바리에이션 양념은 냉장고에서 오래 보관할 수 있다. 물론 이 책의 요리들을 따라 하다 보면 만든 양념들이 금세 동이 나고 말 것이다. 요리할 때마다 매번 양념을 만드는 데 많은 시간을 쏟지 말고, 이 책을 읽어 나가면서 만들어 둔 양념들을 냉장고에 잘 비치해 두길 추천한다. 이 책에 소개하는 장 바리에이션 양념들은 한번 만들어 두면 이 책에 있는 메뉴들 외에 다른 음식을 할 때에도 굉장히 유용할 것이다. 장 바리에이션 양념들은 무게(그램)를 기준으로 레시피를 만들었다.

NOTE 무게를 기준으로 한 레시피가 기본이지만 부피를 기준으로 한 레시피도 함께 소개한다. 장 바리에이션 양념의 비율은 무게 기준이고 부피 계량에는 적용되지 않는다는 사실을 명심하자.

라이트 맛간장

라이트 맛간장은 당분을 가미한 양념간장으로 채소와 해산물 등 비교적 가벼운 단백질 재료와 잘 어울린다.

1.2kg 분량

비율: 양조간장 4, 설탕 1, 물 1

양조간장 800g
설탕 200g
물 200g

냄비에 간장, 설탕, 물을 넣고 중불로 가열하다 끓어오르기 시작하면 불에서 내려 식힌다. 밀폐용기에 붓고 냉장하면 1개월간 보관할 수 있다.

부피 계량

양조간장 3컵
설탕 1컵
물 1/2컵과 1/3컵

다크 맛간장

라이트 맛간장과 비슷하지만, 여기에서는 강한 맛을 내기 위해 황설탕을 사용한다. 고기 요리와 잘 어울리고, 조림은 물론 구이 요리처럼 설탕을 캐러멜화하는 조리법이 포함된 요리에 적합하다.

1.3kg 분량

비율: 양조간장 6, 물 4, 황설탕 3

양조간장 600g
물 400g
황설탕 300g

냄비에 간장, 물, 황설탕을 넣고 중불로 가열하다 끓어오르기 시작하면 불에서 내려 식힌다. 밀폐용기에 붓고 냉장하면 2~3개월까지 보관할 수 있다.

부피 계량

양조간장 2¼컵
물 1⅓컵
꾹 눌러 담은 황설탕 1½컵

블렌디드 된장

한식된장의 감칠맛과 풍미는 살리되 강한 향이나 짠맛을 순화하기 위해 양조된장과 한식된장을 섞었다. 나물, 국, 찌개에 적합해서 요리에 폭넓게 사용된다.

280g 분량

비율: 양조된장 1, 한식된장 1

양조된장 140g
한식된장 140g

작은 볼에 두 가지 된장을 넣고 섞는다. 건더기가 남아 있지 않도록 체에 거른다. 밀폐용기에 담아 냉장하면 3개월간 보관할 수 있다.

부피 계량

양조된장 1/2컵
한식된장 1/2컵

쌈장

한식에서 식사에 곁들여 먹는 소스나 찍어 먹는 용도로 쓰이는 쌈장은 부드러운 단맛과 매운맛에 풍부한 감칠맛이 더해진 양념장이다. 특히 돼지고기와 잘 어울려 이 책의 삼겹살 수육(139p)에 곁들인다.

160g 분량

비율: 양조된장 10, 고추장 5, 설탕 1

양조된장 100g
고추장 50g
설탕 10g

볼에 된장, 고추장, 설탕을 넣고 설탕이 녹을 때까지 잘 섞는다. 밀폐용기에 담아 냉장하면 3개월간 보관할 수 있다.

부피 계량

양조된장 1/3컵
고추장 3큰술
설탕 1작은술

바비큐 된장

된장은 흔히 나물을 무치거나, 국이나 찌개를 만들 때 사용하지만 여러 재료와 섞어 끓이면 바비큐에 덧바르는 소스나 마리네이드용 양념으로 쓸 수 있다. 설탕을 첨가하고 물로 희석해서 뭉근하게 끓여낸 이 양념장은 바비큐 양념으로 제격이다.

640g 분량

비율: 양조된장 6, 물 2, 설탕 1, 기름 1

양조된장 600g
물 200g
설탕 100g
식용유 100g

냄비에 된장, 물, 설탕을 넣는다. 중불에 올려 끓인 다음 불을 줄이고 부피가 60% 정도로 줄어들 때까지 자주 저어가며 15~20분간 뭉근히 끓인다. 기름을 넣고 잘 섞는다. 식힌 후 밀폐용기에 담아 냉장하면 3개월간 보관할 수 있다.

[**부피 계량**]

양조된장 2컵과 2큰술
물 1/2컵과 1/3컵
설탕 1/2컵
식용유 1/2컵

초고추장

초고추장의 '초'는 '식초'를 의미하는데, 매운맛과 단맛, 신맛이 조화로워 해산물과 회에 곁들이면 아주 잘 어울린다.

550g 분량

비율: 고추장 8, 식초 2, 설탕 1

고추장 400g
쌀식초 100g
설탕 50g

볼에 고추장, 식초, 설탕을 넣고 설탕이 녹을 때까지 잘 섞는다. 밀폐용기에 담아 냉장하면 1개월간 보관할 수 있다.

[**부피 계량**]

고추장 1⅓컵
쌀식초 1/3컵과 1큰술
설탕 1/4컵

소테 고추장

이 양념장으로 소테(sauté: 팬에 소량의 기름을 두르고 높은 온도에서 볶고 굽는 조리 방식)나 볶음 요리를 하면 고추장이 재료에 더 잘 코팅되어 캐러멜화되면서 풍미가 아주 좋아진다.

600g 분량

비율: 고추장 4, 양조간장 1, 설탕 1

고추장 400g
양조간장 100g
설탕 100g

볼에 고추장, 간장, 설탕을 넣고 설탕이 녹을 때까지 잘 섞는다. 밀폐용기에 담아 냉장하면 3개월간 보관할 수 있다.

[**부피 계량**]

고추장 1⅓컵
양조간장 1/3컵과 1큰술
설탕 1/2컵

바비큐 고추장

고추장에 간장, 설탕, 기름을 넣고 섞으면 고기 요리, 특히 돼지고기에 가장 잘 어울리는 맛있는 마리네이드 양념장이 된다.

1.5kg 분량

비율: 고추장 6, 양조간장 4, 설탕 4, 기름 1

고추장 600g
양조간장 400g
설탕 400g
식용유 100g

냄비에 고추장, 간장, 설탕, 기름을 넣고 중불에 올린다. 자주 저어가며 끓이다가 끓어오르면 불에서 내린 후 식힌다. 냉장고에 넣으면 3개월간 보관할 수 있다.

(부피 계량)

고추장 2컵
양조간장 1½컵
설탕 2컵
식용유 1/2컵

간장

장아찌

저장용 피클을 담그는 것은 따뜻한 계절과 추수철이 한참 지난 후 봄과 여름을 풍요롭게 지내는 방법으로, 세계적으로 애용되는 방법이기도 하다. 전통적인 방식대로 채소를 오랫동안 간장, 된장, 고추장에 저장하면 채소는 발효되고 절여진다. 여기에서 소개하는 현대식 장아찌는 식초를 더해 맛의 균형을 잡고 숙성 과정을 앞당겼다. 따라서 김치에서 느낄 수 있는 발효의 산미는 없지만 상쾌하면서도 새콤한 맛이 난다. 장아찌는 반찬으로 식사에 자주 등장하지만 단독으로 먹는 반찬이라기보다는 양념에 가깝다. 새콤한 맛이 고기와 잘 어울리므로 돼지고기 바비큐 또는 치즈버거 위에 몇 조각 올려 먹어 보자.

NOTE 레시피를 그대로 따라 하기보다는 '장 바리에이션 양념 만들기'(52p)에서처럼 간장, 식초, 설탕, 물의 비율을 이해하는 것이 더 중요하다. 따라서 장아찌 용액은 보통 무게(그램) 기준으로 비율을 만든다. 이 책에서도 그 방식을 따랐지만 편의를 위해 부피 기준 레시피도 함께 실었다. 다만 책에 기재된 비율은 부피 계량엔 적용되지 않는다는 사실을 명심하자.

잎채소 혹은 무른 채소용 장아찌 용액

1.5KG 분량

비율: 물 6, 양조간장 4, 설탕1, 식초 4

물 600g
양조간장 400g
설탕 100g
식초 400g

부피계량

물 2½컵
양조간장 1½컵
설탕 1/2컵
식초 1⅓컵

How to Make

1 냄비에 물, 간장, 설탕을 넣고 끓인다. 불에서 내려 식힌 다음 식초를 넣는다.

2 장아찌 용액이 식는 동안 채소를 깨끗이 씻는다. 원한다면 굵직하게 썰어도 좋다.

3 장아찌 용액이 완전히 식었으면 소독한 밀폐용기에 붓는다. 채소를 용액에 완전히 잠기도록 집어넣는다. 뚜껑을 닫고 냉장고에 넣는다.

TIP 허브와 방울토마토는 하루 안에 먹을 수 있다. 루바브, 셀러리, 오이, 화이트 아스파라거스, 브로콜리니, 피망은 2~3일 안에 먹을 수 있다. 명이나물, 미니양파, 샬롯, 풋토마토, 콜리플라워, 달래는 5일 안에 먹을 수 있다. 장아찌는 냉장고에서 1년간 보관할 수 있다.

단단한 채소용 장아찌 용액

800G 분량

비율: 물 3, 양조간장 2, 설탕 1, 식초 2

물 300g
양조간장 200g
설탕 100g
식초 200g

부피계량

물 1¼컵
양조간장 3/4컵
설탕 1/2컵
식초 3/4컵과 1큰술

How to Make

1   냄비에 물, 간장, 설탕을 넣고 끓인다. 불에서 내려 식힌
     다음 식초를 넣는다.

2   장아찌 용액이 식는 동안 채소를 깨끗이 씻는다. 원한
     다면 굵직하게 썰어도 좋다.

3   장아찌 용액이 완전히 식었으면 소독한 밀폐용기에 붓
     는다. 채소를 장아찌 용액에 완전히 잠기도록 집어넣는
     다. 뚜껑을 닫고 냉장고에 넣는다.

TIP 깍둑썰기한 돼지감자, 무, 양파, 버섯, 마늘, 우엉은 3~5일 안에
     먹을 수 있으며 통으로 절인 채소는 3~4주 안에 먹을 수 있다.
     장아찌는 냉장고에서 1년간 보관할 수 있다.

브로콜리니 나물

2인분

브로콜리니 또는 두릅 250g

소금 1큰술과 2작은술(20g)

한식간장 1큰술과 2작은술
(25g)

참기름 4작은술(10g)

깨소금 1작은술(3g)

참깨 약간

나물은 한국 식문화에서 큰 의미를 가진다. 나물은 때로는 채소 그 자체를 일컫기도 하고 때로는 조리법을 말하기도 하는데, 생으로 양념하거나 데치거나 볶는 등 다양한 방법으로 만든 채소 요리를 포괄적으로 이르는 말이다. 나는 나물을 기본적으로 장의 깊은 맛으로 채소를 양념하는 방법이라고 정의한다. 아래 소개된 레시피는 보통 두릅으로 만들지만, 식감이나 맛이 비슷한 브로콜리니로 만들어도 맛이 좋다. 브로콜리니를 데치면 잎과 섬유질이 부드러워지는데, 늦봄에는 브로콜리니의 섬유질이 질겨져 이 과정이 특히 중요하다.

How to Make

1 흐르는 차가운 물에 브로콜리니를 씻는다. 두꺼운 줄기 부분을 잘라내고 이파리를 제거한 후 길이 7cm로 자른다. 브로콜리니에 꽃이 있다면 장식용으로 챙겨 둔다.

2 커다란 냄비에 물 8⅓컵(2L)과 소금을 넣고 센불로 끓이고 얼음물을 따로 준비해 둔다. 끓는 물에 브로콜리니를 넣고 밝은 초록색이 될 때까지 2분 30초~3분간 데친다. 더 이상 익지 않도록 얼음물에 담그고 식었으면 건져내 물기를 뺀다.

3 커다란 볼에 간장, 참기름 2¼작은술, 깨소금을 넣고 섞는다. 데친 브로콜리니를 접시에 가지런히 담고 양념장에 무친다. 참깨와 남은 참기름 1¾작은술을 뿌리고, 챙겨 둔 꽃이 있다면 마무리로 장식한다.

TIP 브로콜리니 나물에 좀 더 알싸한 양념 맛을 더하고 싶다면 다진 마늘 1알, 다진 할라페뇨나 청양고추 1/4작은술, 다진 대파 1큰술을 넣어 함께 버무린다.

호박선

2인분

브라인

한식간장 1작은술(5g)
소금 1작은술(5g)
꿀 1작은술(5g)

주키니 호박용 재료

작은 크기 초록색 주키니호박
혹은 애호박 1/2개(100g),
만돌린 채칼을 사용해 길이로
얇게 슬라이스해서 준비

작은 크기 노란색 주키니호박
1/2개(100g), 만돌린 채칼을
사용해 길이로 얇게
슬라이스해서 준비

화이트 발사믹 식초 2작은술
(10g)

과일 풍미와 알싸한 맛이 나는
엑스트라 버진 올리브유 1/2
작은술(2g)

'선'은 최소한의 손길로 채소 고유의 맛을 이끌어 낼 수 전통적인 조리 방식이다. 가지, 호박, 버섯 등 여러 채소에 적용할 수 있는데, 짭짤함과 감칠맛이 섬세하게 조화를 이루는 한식간장은 채소의 맛을 드러내 준다. 이 레시피는 정관 스님을 위해 만들었던 요리를 조금 손본 것이다. 정관 스님께서 밍글스에 방문하실 때면 단순하면서 색다른 비건 음식을 준비해 스님께 특별한 경험을 전해드리려 노력한다.

여기에서는 브라인과 마무리 양념장에 모두 한식간장을 쓴다. 이 요리에 들어가는 올리브유와 화이트 발사믹 식초는 이탈리아 요리에서 영향을 받았다. 식초의 새콤달콤한 맛과 올리브유의 화사하고 알싸한 풍미, 간장의 짠맛이 각각 주키니호박의 은은한 맛과 잘 어우러진다.

How to Make

1 **브라인 만들기:** 작은 볼에 간장, 소금, 꿀과 상온의 물 200ml를 넣고 잘 섞는다. 내열 용기에 얇게 슬라이스 해서 둔 호박을 넣고 그 위에 브라인을 부은 다음 뚜껑을 닫고 1~2시간 냉장고에 둔다.

2 **호박 익히기:** 찜기 바닥에 물을 붓고 끓인다. 김이 올라오면 호박이 든 내열 용기를 넣고 뚜껑을 닫아 8~10분간 찐다. 찜기에서 내열 용기를 꺼내 뚜껑을 연 채로 냉장고에 넣어 15분간 식힌다.

3 **호박 말기:** 브라인에서 두 종류의 호박을 건져내고 브라인은 남겨둔다. 녹색 호박 슬라이스 한 장 위에 노란 호박 슬라이스 한 장을 쌓고, 소용돌이 모양으로 조심스럽게 돌돌 만다. 돌돌 만 호박을 접시에 하나씩 옮기며, 피라미드 모양으로 쌓는다.

4 작은 볼에 남겨둔 브라인 3큰술(45ml)과 식초를 넣어 잘 섞은 후 호박 위에 뿌린다. 올리브유를 뿌려 마무리한 후 식탁에 낸다.

두부 엔다이브 샐러드와 참깨 간장 드레싱

4인분

채수 재료

1cm 두께로 굵직하게 썬 중간
크기 양파 1/4개(80g)

1cm 두께로 썬 대파 1/3대(40g)

껍질 벗긴 후 1cm 두께로
굵직하게 썬 무 1/6개(100g)

말린 표고버섯 2개(20g)

두부 절이는 재료

준비된 채수

엑스트라 버진 올리브유 1큰술
(10g)

중간 굳기 혹은 단단한 두부
1팩(350g), 1.5cm 두께로 썰어서
준비

한식간장 2큰술과 1작은술(35g)

참깨 간장 드레싱 재료

현미식초 2큰술(25g)

엑스트라 버진 올리브유 1큰술
(10g)

참기름 2¼작은술(10g)

한식간장 2작은술(10g)

꿀 1½작은술(7g)

곱게 간 참깨 1큰술(10g)

마무리 재료

레몬 1개 분량의 제스트

중간 크기 벨기에 엔다이브
2뿌리, 한 잎씩 떼서 씻은 후
수분 제거

엔다이브Belgian endive는 한국 요리에 쓰이는 재료는 아니다. 하지만 이 서양 채소
야 말로 간장 맛을 돋보이게 해주는 완벽한 채소다. 여기에서는 샐러드의 재료들이
서로 어우러지도록 간장을 두 가지 방식으로 사용할 것이다.

참깨 간장 드레싱의 고소함과 은은한 달콤함은 엔다이브의 쌉싸름한 맛을 완화시
킨다. 클래식한 카프레제 샐러드에 뿌리는 발사믹 식초와 올리브유를 대체하기에
도 아주 좋은 드레싱이다. 두부 또한 간장과 채수에 절여 그 자체의 맛을 한층 돋
보이게 해준다.

How to Make

1 **채수 만들기:** 커다란 육수 냄비에 양파, 대파, 무, 버섯, 차가운 물 3컵
 (750ml)을 넣고 중불에 올려 끓인다. 물이 끓어오르기 시작하면 표면
 에 떠오르는 불순물을 제거한다. 중약불로 줄이고 30분간 끓이거나
 혹은 모든 채소가 무를 때까지 끓인다. 불에서 내린 다음 통에 체를
 대고 채수를 걸러 담는다. 건더기는 버린다.

2 **두부 절이기:** 커다란 팬에 올리브유를 둘러 중불에서 가열한다. 두부를
 가지런히 올리고 노릇노릇해질 때까지 한쪽당 4~5분간 지진다. 두부
 를 접시에 옮겨 담고 키친타월로 기름기를 제거한 후 살짝 식힌다.
 크고 깊은 볼에 채수 1½컵(350ml)과 해당 분량의 간장을 넣고 잘 섞
 는다. 두부를 넣은 후 맛이 충분히 밸 때까지 상온에서 최소 1시간 혹
 은 냉장고에서 최대 24시간 넣어 둔다.

3 **참깨 간장 드레싱 만들기:** 작은 볼에 식초, 올리브유, 참기름, 간장, 꿀, 깨
 를 넣고 잘 섞는다.

4 두부를 한입 크기로 썰고 그 위에 레몬 제스트 절반 분량을 뿌린다.
 엔다이브에 참깨 간장 드레싱 1½큰술을 넣고 살살 무친다. 접시에 두
 부를 한 층으로 깔고 그 위에 엔다이브를 뾰족한 부분이 한 방향으로
 향하도록 올린다. 남은 레몬 제스트와 참깨 간장 드레싱을 뿌려서 마
 무리한다.

TIP 남은 채수는 보관했다가 다른 요리에 사용한다. 밀폐용기에 담아 냉장하면 5일간
보관할 수 있고, 냉동실에 보관하면 2개월간 보관할 수 있다. 멸치육수가 있다면
채수 대신 사용해도 좋다.

콩국수

말린 대두 3/4컵(120g)
무가당 두유 2컵(480ml)
소금 2작은술(8g)
한식간장 1½작은술(8g)
소면 160g
가늘게 채 썬 오이 1/4개(30g)
검은깨 한 꼬집, 갈아서 준비

모든 문화권에서는 저마다 더운 날에 즐기는 차가운 수프 요리가 있다. 스페인의 여름에 가스파초가 있다면 한국에서 여름철 즐겨 먹는 음식은 차가운 콩국에 국수를 말아 먹는 콩국수이다. 어릴 때 콩국수가 나타나면 여름 방학이 코앞으로 다가왔다는 사실에 반가웠지만, 사실 그 밍밍한 맛은 그다지 좋아하지 않았다. 세월이 흐르면서 콩국수의 고소하고 우아한 맛의 매력을 알게 되었다.

이 메뉴에서 콩국의 맛은 단순한 재료들로 결정된다. 바로 대두와 물, 소금, 한식간장뿐이다. 참고로 한식간장도 대두, 물, 소금으로만 만들어진다. 콩국은 고소한 풍미와 되직하면서도 부드러운 질감이 매력적이다. 여기에 쫄깃한 소면이 더해지면 특별한 국수요리가 완성된다. 콩국수의 고명으로는 가스파초의 주재료이기도 한 오이나 토마토가 잘 어울린다. 콩국을 조금 특별하게 즐기고 싶다면 딸기나 블루베리를 곁들여 보자. 콩을 하루 동안 불려야 하니 집에서 콩국수를 만들 땐 미리 계획을 세우는 것이 좋다.

How to Make

1 큰 볼에 대두를 넣고 푹 잠기도록 찬물을 부은 다음 냉장고에 넣고 하루 동안 불린다.

2 다음 날 물을 따라 버리고 불린 콩을 큰 솥에 넣는다. 물 4¼컵(1L)을 붓고 센불에 올려 끓인다. 끓어오르면 중불로 줄이고 콩이 적당히 무를 때까지 30분간 뭉근히 끓인다. 물을 걸러내고 익힌 콩이 아직 뜨거울 때 믹서기에 넣는다. 두유와 물 2/3컵(150ml)을 붓고 곱게 간다. 콩국에 소금과 간장을 넣어 간 하고 냉장고에 차갑게 보관한다.

3 큰 냄비에 물을 넉넉히 붓고 센불에 올리고 차가운 얼음물을 준비한다. 물이 끓으면 소면을 넣고 포장지에 적힌 대로 약 4분 30초~5분간 삶는다. 삶은 국수를 건져 얼음물에 넣고 전분기가 완전히 제거될 때까지 여러 차례 헹군다. 국수의 물기를 쫙 뺀다.

4 물기를 뺀 국수를 그릇에 담는다. 콩물을 조심스레 붓고 오이와 갈아둔 검은깨로 장식한다.

TIP 국수 대신 익힌 보리나 다른 곡물을 콩물에 곁들이는 것도 좋다.

미역국

4인분

말린 미역 20g
소금 2작은술, 필요에 따라
조절(8g)
한식간장 1½작은술(8g)
소고기 양지 혹은 갈비살
115g
참기름 1½작은술(8g)
다진 마늘 2알(8g)
즉석에서 간 흑후추
곁들일 쌀밥 2~3컵
(400~600g)

한국에서는 전통적으로 생일날 미역국을 먹는다. 축하를 위한 것이기도 하지만 아이를 낳고 길러 주신 어머니에게 감사드리는 음식이기도 하다. 칼슘과 철분, 아이오딘 등 산모에게 필요한 영양분이 풍부한 미역은 영양이 풍부한 음식이나 단백질원이 부족했던 과거에 산후조리를 하는 어머니들에게 특히나 중요한 식재료였다.

나는 서울에서 살면서 소고기 양지로 만든 미역국을 주로 먹고 자랐지만, 지역마다 다양한 미역국이 있다. 동해안에서는 황태나 감자를 넣은 미역국을, 제주도에서는 성게미역국, 충청도에서는 들깨 미역국을 먹는다. 어떤 종류든 미역국을 맛볼 때면 무언가 어머니 생각에 애틋하면서도 몸과 마음이 따뜻해진다.

How to Make

1   볼에 미역을 넣고 미역이 잠기도록 상온의 물을 붓고 30분~1시간 동안 담가 충분히 불린다. 물을 걸러내고 흐르는 물에 미역을 씻은 다음 다시 물을 따라 버리고 물기를 꽉 짠다. 미역을 2.5cm 크기의 정사각형 모양으로 자르고 중간 크기 볼에 담는다. 소금과 간장을 넣고 조물조물 무친다.

2   미역을 불리는 동안 커다란 볼에 양지머리를 넣고 차가운 물을 붓는다. 냉장고에 넣고 30분간 핏물을 뺀다.

3   핏물을 버리고 물기를 제거한 다음 두께 2.5mm, 사방 2cm 크기로 얇게 썰어준다. 바닥이 두꺼운 냄비를 뜨겁게 달군 뒤, 고기를 1분간 볶아준다. 이어서 참기름과 양념한 미역을 넣는다. 중불에 올리고 바닥에 미역이 눌어붙지 않도록 5분간 꾸준히 저어주면서 볶는다. 물 6¼컵(1.5L)과 마늘을 넣고 끓인다. 중약불로 줄이고 뚜껑을 연 채로 이따금 표면에 떠오르는 불순물을 제거하면서 미역이 부드러워지고 국물에서 풍부한 감칠맛이 날 때까지 1시간 동안 뭉근히 끓인다.

4   기호에 따라 간장과 소금을 추가하고 후추를 뿌린 다음 쌀밥과 함께 식탁에 낸다.

만두전골

2인분

만두피 재료

강력분 1¼컵(150g)

소금 한 꼬집

만두소 재료

곱게 다진 단단한 두부 100g

얇게 썬 새송이버섯 2~3개(100g)

얇게 썬 애호박 1/3개 100g

식용유 1작은술(3g)

소금

핏물 제거한 다진 돼지고기 200g

참기름 2¼작은술(10g)

한식간장 2작은술(10g)

전골 재료

얇게 썬 양파 1/4개(30g)

밑동을 제거한 후 얇게 썬
표고버섯 1/4컵(30g)

두께 0.75cm로 반달썰기한
애호박 1/4컵(30g)

멸치육수(50p 참고) 5컵(1.2L)

한식간장 2큰술(30g)

곱게 다진 마늘 1알(4g)

얇게 어슷 썬 대파 흰부분 1/2
대(25g)

두께 2.5cm로 썬 배춧잎 1장(50g)

얇게 어슷 썬 홍고추 1/2개(10g)

한국인이라면 대부분은 설날에 어머니와 만두를 빚었던 기억이 있을 것이다. 물론 우리 아이들은 아빠가 주방에서 요리하는 모습을 더 많이 기억하겠지만, 친척들과 함께 명절에 만두를 빚는 추억을 간직했으면 한다. 만두는 아시아 전역에서 다양한 모양과 방법으로 만들어진다. 만두를 보면 소중한 보물을 담은 보자기처럼 보이는데, 일부 지역에선 이 만두가 번영을 상징한다. 한국식 만두는 흔히 고기보다 두부와 채소의 비율이 높은 편인데 과거 한국의 경제적인 궁핍함이 이유였지만, 그 결과 영양과 맛 모두 균형 잡힌 훌륭한 결과물이 되었다. 그래서 여러 개를 먹어도 부담스럽거나 질리지 않는다.

만두전골에 들어가는 만두를 만들 때는 조금 두꺼운 만두피로 만들어야 만두가 익으면서 터지지 않는다. 전골은 한식간장으로 맛을 낸 맑은 국물에 만두와 다양한 재료를 넣고 식탁에서 익혀 먹는 핫팟(hotpot, 훠궈나 샤브샤브처럼 국물에 고기와 채소를 넣고 식탁에서 끓여가며 먹는 요리) 요리로, 식탁 앞에 도란도란 둘러앉아 셀 수 없이 다양한 조합으로 만두전골을 즐길 수 있다. 이를테면 정관 스님은 한식간장과 능이버섯으로 만든 육수에 채소만두를 넣어 전골을 만드셨다. 우리 어머니는 종종 돼지고기 대신 닭고기나 새우를 추가한 만두로 전골을 끓이기도 했다. 그래서인지 나도 국물에 배추와 함께 해산물을 넣는 걸 좋아한다. 만두소나 부재료를 취향대로 선택해 본인의 만두전골을 즐겨 보길 바란다.

How to Make

1 **만두피 만들기:** 볼에 밀가루, 소금, 물 1/4컵(60ml)을 넣고 한 덩어리가 되도록 반죽한다. 반죽을 랩으로 감싸 냉장고에 넣고 최소 1시간에서 최대 하룻밤 숙성한다.

2 **만두소 만들기:** 키친타월로 두부를 감싸서 물기를 제거한다. 커다란 팬을 약불에 올리고 기름을 둘러 달군다. 버섯, 애호박, 양파를 넣고 약 10분간 볶으면서 물기를 날린다. 소금으로 살짝 간한 후 쟁반에 옮겨 식힌다. 중간 크기 볼에 식힌 채소, 돼지고기, 두부, 참기름, 간장을 넣고 잘 섞는다.

3 **만두 빚기:** 우선 만두피를 만들기 위해 반죽을 골프공만 한 크기로 10등분한다. 지름 10cm, 두께 1mm 원형이 되도록 밀대로 하나씩 민다. 또는 쿠키커터로 찍어내거나 칼로 아주 조심스럽게 동그란 모양으로 잘라내도 된다. 남은 반죽은 냉동했다가 다음에 사용한다.

만두피 하나당 만두소를 2⅓큰술씩 나눠 올린다. 만두피 테두리의 반절만 물을 바른 후 반으로 접고 테두리를 세게 눌러 반달 모양으로 만든다. 이때 접으면서 공기가 들어가지 않도록 주의한다. 반달 모양 만두의 뾰족한 양쪽 끝을 겹치고 꾹 눌러 붙인다. 완성한 만두를 접시에 내려놓고 나머지 만두도 마저 빚는다.

4 **전골 만들기:** 크고 널찍한 냄비 바닥에 양파, 버섯, 애호박을 펼쳐 올린다. 채소 위에 만두를 올리고 육수를 부은 후 간장과 마늘을 넣는다. 센불로 끓이다가 육수가 끓어오르면 즉시 중불로 줄여 5분간 더 끓인다. 대파, 배추, 홍고추를 넣고 5분간 더 끓인다. 식탁 중앙에서 만두전골을 보글보글 끓여가며 함께 나눠 먹어도 좋고, 따로 끓여 냄비째 식탁으로 옮겨서 즐겨도 좋다.

간장 라구 탈리아텔레

2인분

간장 라구 재료

라이트 맛간장(53p 참고) 3½큰술
(50ml)

양조된장 1½큰술(23g)

식용유 2작은술(8g)

굵게 다진 마늘 1알(4g)

대파 1/4대(14g), 흰 부분만
다져서 준비

곱게 다진 작은 양파 1개 (250g)

곱게 다진 중간 크기 양송이버섯
2~3개(40g)

곱게 다진 셀러리 3~4줄기(100g)

간 쇠고기 250g, 핏물 제거해서
준비

탈리아텔레 파스타 재료

탈리아텔레 면 200g

소금

생크림 3/4컵(180ml)

그라나 파다노 치즈 간 것
1큰술과 1작은술(9g), 마무리용
별도

마무리용 즉석에서 간 흑후추
약간

마무리용 다진 생파슬리
2작은술(2g)

간장 라구는 가장 쓰임새가 좋은 소스다. 내가 좋아하는 라구(토마토가 들어가지 않으니 라구 비앙코ragù bianco라고 부르는 편이 낫겠다)소스에 한식에서 가장 자주 쓰이는 양념인 간장을 더해 만든 한국식 이탈리안 메뉴이다. 고기와 채소를 뭉근한 불로 천천히 익혀 각각의 진한 향이 조화롭게 어우러진 라구 베이스에 간장의 감칠맛이 더해지면 정말 매력적이다. 한식으로 따지면 간장 라구는 전통적인 비빔밥 소스의 소고기 비빔장의 변형인데, 바로 거기에서 영감을 받은 요리이기도 하다.

소고기 비빔장에는 주로 고추장이 쓰이지만, 이 레시피처럼 간장을 넣은 라구 소스를 만들면 다양한 요리로 활용이 가능할 것이다. 잘 삶아낸 탈리아텔레 면 위에 간장 라구를 뿌리면 휴일 가족들과 즐기는 멋진 식사 한 끼가 해결된다. 나는 보통 레시피의 두세 배를 만들어서 일부는 냉장고에 넣어 3~5일간 보관하고, 나머지는 냉동실에 넣어 3개월간 보관한다.

How to Make

1 **간장 라구 만들기:** 작은 볼에 라이트 맛간장, 된장, 물 1/4컵(60ml)을 넣고 섞어 둔다.
   바닥이 두꺼운 커다란 냄비를 중불에 올려 뜨겁게 달군 후 식용유를 두른다. 마늘과 대파를 넣고 갈색빛이 돌지 않도록 가볍게 볶아준다. 양파, 버섯, 셀러리 순으로 넣고, 약불로 줄인 후 살짝 갈색빛이 돌 때까지 약 10분간 볶는다. 간 쇠고기를 넣고 약 10분간 저으면서 익힌 후 미리 볼에 섞어둔 맛간장 혼합물을 넣고 15~20분간 뭉근히 끓인다.

2 **탈리아텔레 삶기:** 커다란 솥에 물과 넉넉한 양의 소금을 넣고 센불로 끓인다. 물이 끓어오르면 파스타를 넣고 포장지에 적힌 알 덴테al dente 추천 시간대로 삶는다. 탈리아텔레는 브랜드에 따라 삶는 시간이 다른데 보통 4~6분 걸린다.

3 그동안 라구가 담겨 있는 냄비에 생크림을 붓고 잘 섞어준 뒤, 걸쭉한 농도가 되도록 끓여준다.

4 잘 삶아진 파스타의 물기를 완전히 빼고, 라구가 든 냄비에 옮겨 담아 소스와 잘 섞이도록 함께 중불에서 볶아준다. 그라나 파다노를 넣고 한 번 더 섞는다. 후추와 파슬리를 뿌리고 접시에 담아낸 뒤, 치즈를 뿌려 식탁에 낸다.

간장 라구를 활용하는
9가지 방법

1. 흰 쌀밥 위에 간장 라구 1/2컵(120g)을 붓고 취향에 맞는 채소를 더해 맵지 않은 쇠고기 비빔밥을 만든다.

2. 두툼하게 썬 사워도우 빵을 토스트하고, 그 위에 따뜻한 간장 라구 2큰술을 얹는다. 노른자를 반숙으로 익힌 달걀프라이를 얹으면 완벽한 아침용 토스트가 된다.

3. 토르티야에 간장 라구 1/4컵(60g)을 펴 바르고 그 위에 슈레드 몬테레이 잭 치즈 혹은 슈레드 체다치즈 1/4컵(45g)을 골고루 뿌려 퀘사디아를 만든다. 토르티야를 주물팬에 넣고 식용유나 버터를 약간 넣고 약불에 올린 후 뚜껑을 덮는다. 치즈가 녹을 때까지 가열한 다음 토르티야를 반으로 접고 뒤집개로 꾹꾹 누른 후 식탁에 낸다.

4. 간장 라구와 토마토소스를 1 대 1 비율로 섞어 일반 피자 소스 대신 사용하면 불고기피자가 된다.

5. 라자냐를 만들 때 볼로네제 소스 대신 간장 라구를 활용할 수 있다.

6. 간장 라구 1컵(240g)에 익힌 강낭콩 1/2컵(90g), 익힌 완두콩 1/4컵(30g), 익힌 옥수수알 1/2컵(80g), 굵은 고춧가루 1큰술을 넣어 칠리 콘 카르네를 만든다.

7. 셰퍼드 파이를 만들 때 레시피에 들어가는 간 쇠고기를 간장 라구로 대체한다.

8. 맥앤치즈를 만들 때 모르네 소스(Mornay sauce, 화이트 루에 우유를 넣고 만든 베샤멜 소스에 치즈를 첨가한 소스) 대신 라구와 치즈, 생크림을 넣는다.

9. 동량의 간장 라구, 두부, 채소를 섞어 만두나 스프링롤 소로 사용한다.

잡채

2인분

마른 당면 100g
양조간장 1/4컵(60ml)
설탕 1큰술(10g)
참기름 1작은술(5g)
곱게 다진 마늘 1알(3g)
식용유 2큰술(20g)
얇게 채 썬 중간 크기 양파
1/4개(60g)
소금 1/2작은술(3g)
밑동 제거 후 얇게 썬
표고버섯 2개(60g)
씨 제거 후 얇게 채 썬 피망
1/4개(30g)
얇게 채 썬 중간 크기 당근
1/2개(60g)
3cm 길이로 썬 부추 약 10
줄기(10g)
통참깨 한 꼬집

단순해 보이지만 손이 많이 가는 잡채는 한국에서 매일 먹는 요리는 아니다. 하지만 생일, 새해, 기념일, 명절 등 특별한 날에 빠짐없이 등장하는 요리다. 17세기 조선 왕조 시절 잡채가 처음 만들어졌을 때는 그저 다양한 채소를 얇게 썰어 볶아낸 형태였다. 그러다가 20세기에 들어와 고구마전분으로 만든 당면이 도입되면서 현대에서 볼 수 있는 형태의 잡채가 만들어지기 시작했다. 잡채의 매력이라면 각종 채소의 어울림이라고 말할 수 있다. 같은 모양으로 자른 채소가 당면과 얽히고설켜 입안에서 완벽한 조화가 느껴진다.

How to Make

1   뜨거운 물(30~40℃)에 당면을 넣고 30분~1시간 동안 불린다.

2   그동안 작은 볼에 간장, 설탕, 참기름, 마늘을 넣고 섞는다.

3   팬을 중불에 올려 달군 후, 식용유 1/2큰술을 두른 후 가열한다. 양파와 소금을 넣고 연한 갈색이 돌 때까지 1~2분간 볶는다. 넓은 쟁반에 양파를 옮겨 둔다. 팬을 불에 올리고 다시 식용유 1/2큰술을 두른 후 가열한다. 표고버섯을 넣고 1분간 볶은 다음 쟁반에 옮긴다. 팬에 식용유 1/2큰술과 피망을 넣고 1분간 볶은 후 쟁반에 옮긴다. 남은 식용유 1/2큰술과 당근을 넣고 당근이 부드러워질 때까지 약 2분간 볶은 후 쟁반에 옮긴다. 볶은 채소를 얇게 펼쳐 식힌다.

4   채소를 식히는 동안 커다란 냄비에 물 10컵(2.5L)을 붓고 끓인다. 불린 당면을 건져 끓는 물에 집어넣고 3분간 익힌 다음 물을 따라 버리고 재빨리 찬물에 씻는다. 체에 받쳐 물기를 최대한 빼고 볼에 옮긴다.

5   볼에 미리 만들어 둔 간장 양념장을 넣고 당면을 버무린다. 당면을 커다란 팬에 옮긴 후 미리 볶아둔 채소를 넣고 잘 섞어준다. 중불에서 뜨거워질 때까지 2~3분간 빠르게 볶아낸다. 접시에 담고 부추와 참깨로 장식해 식탁에 낸다.

TIP 스파이럴라이저(채소 제면기)로 채소를 썰면 시간을 많이 아낄 수 있다. 혹은 당근을 썰 때 우선 채칼로 슬라이스한 후 칼로 채 썰면 좀 더 수월하다.

아스파라거스 비빔밥

2인분

비빔 간장 양념장 재료

곱게 다진 쪽파 1/3대(5g)

곱게 다진 마늘 2알(10g)

한식간장 2큰술(30g)

참기름 1큰술(10g)

깨소금 1½작은술(5g)

씨를 제거하고 곱게 다진 홍고추
1½작은술(5g)

씨를 제거하고 곱게 다진
청양고추나 할라페뇨 1/2작은술
(2g)

아스파라거스 준비

소금

펜슬 아스파라거스 15~20개(80g)

화이트 아스파라거스 2~3개(50g)

마무리 재료

곁들일 쌀밥 1½컵(300g)

금잔화 같은 식용꽃(선택)

과거 한국은 동물성 단백질이 귀했던 탓에 산과 들에서 채취한 다양한 채소를 먹으며 삶을 이어갔다. 이는 오랫동안 한국인들의 끼니를 책임져 준 소중한 식문화였다. 그 결과 한식은 창의적이며 특별한 채소 요리들이 발달했다. 한국의 대표적인 채소 요리인 나물은 생채와 숙채로 구분한다. 숙채는 흔히 두릅과 시금치 같은 잎과 줄기채소를 데쳐서 만드는데, 이 과정에서 나물이 부드러워지며 쓴맛도 일부 제거된다. 이 조리법은 아스파라거스에도 적용할 수 있다.

How to Make

1   **비빔 간장 양념장 만들기:** 작은 볼에 쪽파, 마늘, 간장, 참기름, 깨소금, 홍고추, 청양고추를 넣고 섞는다.

2   **아스파라거스 데치기:** 물에 소금을 넣고 끓이며 얼음물을 준비한다. 끓는 물에 펜슬 아스파라거스를 넣고 2~3분간 데친 다음 더 이상 익지 않도록 재빨리 준비한 얼음물로 옮긴다. 밑동을 잘라내고 길이 3~4cm로 썬다.
    화이트 아스파라거스는 밑동을 잘라내고 채칼이나 감자칼을 사용해 길이로 얇게 슬라이스한다.

3   큰 볼에 양념장 절반 분량과 펜슬 아스파라거스를 넣고 살살 무친다. 그릇에 밥을 담고 그 위에 양념한 펜슬 아스파라거스를 올린 다음 얇게 썬 화이트 아스파라거스를 살짝 비틀어 리본 모양을 잡아 올려준다. 원한다면 식용꽃으로 장식하고 남은 양념장을 따로 볼에 담아 식탁에 낸다.

간장 버섯 떡볶이

2인분

가래떡 2컵(300g), 한입 크기로
잘라서 준비

다크 맛간장(53p 참고) 1/3컵
(80ml)

곱게 다진 마늘 1알(5g)

식용유 2큰술(20g)

2.5cm 두께로 썬 양파 1/2개
(80g)

씻은 후 2등분 또는 4등분한
양송이버섯 5개(100g)

씻은 후 4등분한 표고버섯 2
개(60g)

씻은 후 밑동 제거한 팽이버섯
1/2봉지(40g)

다듬어서 6mm 두께로 썬 대파
흰부분 1/2대(25g)

장식용 참깨

참기름 1작은술(5g)

쌀이 귀했던 시절에 쌀을 이용해 밥 이외의 음식을 만든다면, 귀한 재료를 사용하는 만큼 결과물도 훌륭해야 했다. 떡은 쌀을 활용한 그 어떤 음식들보다 매력적인 음식이었다. 그중에서도 가래떡은 고급스럽고 말랑말랑하며 활용도가 높다. 가래떡은 요리는 물론 달달한 디저트로 즐겨도 다 잘 어울린다. 내가 떡을 좋아하는 이유는 무엇보다 다른 재료와 잘 어우러지는 특성 때문이다.

떡볶이는 흔히 고추장을 넣어 매콤하고 맛깔나게 만들지만, 여기에서 소개하는 전통적인 레시피는 간장을 사용해 깊은 감칠맛이 돋보이는 동시에 떡과 재료 본연의 맛이 더욱 잘 느껴진다. 다양한 버섯과 간장으로 요리에 풍미를 더해 더욱 맛있는 비건 요리다.

How to Make

1　볼에 떡을 넣고 차가운 물을 붓는다. 30분 동안 불린 다음 물기를 잘 빼고 잠시 옆에 둔다.

2　작은 볼에 다크 맛간장, 마늘, 물 1컵(240ml)을 넣고 섞는다.

3　팬을 중불에 올려 달군 후 식용유를 넣는다. 양파, 양송이버섯, 표고버섯을 넣고 노릇노릇해질 때까지 약 2분간 볶는다. 이어서 간장물과 떡을 넣고 끓인다. 끓어오르면 약불로 줄이고 소스가 졸아들 때까지 10분간 뭉근히 끓인다. 팽이버섯과 대파를 넣고 1분 더 익힌다.

4　접시에 떡볶이를 각각 나눠 담고 참깨를 솔솔 뿌린 후 마지막으로 참기름을 뿌려 마무리한다.

어만두

4인분

금태 또는 지방이 풍부한
흰살생선 필렛 4조각 (각 80g 총
320g)
소금 1/2작은술 (2g)

만두소 재료

단단한 두부 50g
식용유 1큰술 (10g)
곱게 다진 애호박 1/3컵 (50g)
곱게 다진 새송이버섯 2/3컵 (50g)
곱게 다진 양파 1/4개 (50g)
곱게 다진 펜넬 1/3컵 (50g)
소금 1/4작은술 (1g)
한식간장 1작은술 (4g)

마무리 재료

라이트 맛간장 (53p 참고) 1/2컵과
2큰술 (150ml)
현미식초 1/4컵 (60ml)
가늘게 채 썬 대파 흰 부분 1/4대,
장식용 (12g)

이 요리는 조선 왕조 초기(1392년)부터 후기(1910년)까지 이어진 궁중음식의 전통에 기반한다. 생선을 특별하게 즐기는 방법 중 한 가지인 어만두는 주로 작은 쥐치로 만들고, 흔히 여름에 많이 먹는다. 어만두의 어(생선)는 만두소가 아닌 만두피를 가리키며, 이 레시피에서는 금태를 사용한다. 만두소는 두부와 채소로 만드는 전통 방식을 따랐다. 생선만 잘 준비한다면 어만두는 만두피를 빚어야 하는 일반적인 만두에 비해 만드는 과정이 꽤 단순하다. 조금의 부지런함으로 훌륭한 일품요리를 집에서도 즐겨보자.

How to Make

1   칼을 눕혀 생선 필렛을 반으로 포 뜨듯이 자른다. 단, 생선이 완전히 잘리지 않도록 끝에서 5mm정도는 남겨두어야 한다. 생선을 조심스럽게 펼친 후 앞뒤로 소금을 골고루 뿌려 밑간을 한다.

2   **만두소 만들기:** 두부를 곱게 으깬 후 키친타월이나 면보로 물기를 완전히 제거한다.
    팬을 센불로 달군 후 식용유를 두른다. 애호박, 새송이버섯, 양파, 펜넬을 순서대로 넣고, 소금간을 한 후 부드러워질 때까지 약 10분간 볶는다. 키친타월을 깔아 둔 쟁반에 옮겨 식힌다.
    커다란 볼에 채소, 두부, 간장을 넣고 섞는다.

3   준비해 둔 생선 필렛을 도마에 평평하게 펼친다. 만두소를 4등분한 후 생선 필렛의 한쪽에 올린다. 만두소가 올라가지 않은 부분을 조심스럽게 들어 올려 그 위로 덮어 준다. 잘 매만져 반으로 자르기 전의 생선 모양으로 만들어 준다. 빠져나온 소는 칼을 이용해 안으로 집어넣는다.

4   생선이 들어갈 만한 내열 용기에 라이트 맛간장과 식초를 넣고 섞는다. 그 안에 만들어 둔 어만두를 조심스럽게 집어넣는다. 찜기에 물을 붓고 센불로 끓이다 김이 올라오기 시작하면 어만두를 담은 내열 용기를 넣는다. 뚜껑을 닫은 후 생선이 완전히 익을 때까지 6~8분간 찐다.

5   내열용기에 남은 간장 식초 소스를 체에 걸러 낮은 그릇이나 접시에 담고 그 위에 어만두를 올린다. 마지막으로 대파를 올려 장식한다.

해물파전

2인분

중력분 1컵(120g)

한식간장 1큰술(15g)

소금 3/4작은술(3g)

즉석에서 간 흑후추 한 꼬집

손질 후 한 입 크기로 썬 오징어 1마리(100g)

껍질과 내장 제거 후 굵게 썬 대하 8마리(100g)

채 썬 애호박 1/3개(100g)

2.5cm 두께로 자른 쪽파 5~6대(100g)

식용유 6~7큰술(90~105g)

얇게 썬 양파장아찌(60p 참고) 30g

요리 프로그램에 빠져 있던 어린 시절에는 부모님께 저녁을 차려 드리는 일이 큰 즐거움이었다. 부모님께서 맛있게 잘 드시면 기쁨은 배가 됐는데, 부모님을 만족시켜 드릴 메뉴로는 파전만 한 것이 없었다. 파전은 피자처럼 바삭한 가장자리와 팬케이크처럼 부드러운 안쪽 덕분에 누구나 좋아하는 음식인 데다가 만들기도 쉽다. 재료도 워낙 간단해서 웬만하면 이미 집에 있는 재료로 만들 수 있다. 게다가 어떤 재료를 쓰느냐에 따라 파전은 무궁무진하게 변신한다. 우리 아버지처럼 김치를 넣고 만들 수도 있고, 어머니처럼 오징어와 새우를 넣고 만들 수도 있다. 어떤 종류의 파전이든 한국의 막걸리나 드라이한 리슬링 와인과 궁합이 아주 좋다.

How to Make

1 커다란 볼에 체에 친 밀가루를 넣고 차가운 물 3/4컵(180ml)을 붓는다. 덩어리가 보이지 않도록 거품기로 잘 섞은 다음 간장, 소금, 후추를 넣고 다시 한 번 섞는다. 랩으로 잘 감싸서 사용할 때까지 냉장고에 넣어 둔다.

2 파전을 부칠 준비가 됐으면 반죽이 든 볼에 오징어, 대하, 애호박, 쪽파를 넣고 골고루 섞는다.

3 30cm 주물팬을 센불에 올리고 식용유 2큰술을 둘러 가열한다. 연기가 나기 시작하면 '반죽의 절반 분량'을 팬에 붓는다. 가장 자리가 바삭하게 튀겨질 때쯤 중불로 줄이고 파전 밑면에 갈색빛이 돌 때까지 약 5분간 굽는다. 그대로 팬을 살살 흔들어 접시에 옮겨 담은 다음 팬에 다시 식용유 1~1½큰술을 두른다. 접시에 담긴 파전을 조심스럽게 뒤집어서 팬에 올린 다음 뒤집은 반대면도 똑같이 바삭해지도록 뒤집개로 누르면서 3분간 굽는다. 키친타월을 깔아 둔 접시 위에 파전을 올려 기름기를 뺀다. 남은 반죽도 똑같은 방법으로 굽는다.

4 갓 구워서 뜨거울 때 양파장아찌와 함께 식탁에 낸다.

간장 새우장

2인분

간장물 재료

라이트 맛간장(53p 참고) 1/2컵과
2큰술(150ml)

통흑후추 1/2작은술(2g)

얇게 썬 작은 양파 1/8개(15g)

대파 1/4대, 흰 부분만 얇게
썰어서 준비(12g)

굵게 다진 청양고추나 할라페뇨
1/4개(2g)

6mm 크기 신선한 생강 한 조각,
껍질 벗긴 후 다져서 준비(선택)(2g)

다진 마늘 1알(6g)

한식간장 1작은술(5g)

새우와 함께 넣는 재료

내장 제거한 흰다리 새우 10마리
또는 대 사이즈 단새우 15마리

편으로 썬 마늘 2알(10g)

얇게 썬 청양고추나 할라페뇨
1/2개(3g)

마무리 재료

얇게 썬 홍고추 1/2개

쪽파 1/2대, 흰 부분만 얇게
썰어서 준비(5g)

쌀밥 1½컵(300g)

참기름 1작은술(4g)

아름다운 석양과 갯벌로 유명한 충남 서산 지역에는 꽃게를 간장에 재운 간장 게장이 유명한데, 게는 여름철에 잡아들여 1년 동안 쓸 물량을 급속 냉동한다. 간장 게장은 태안군 해변에 걸쳐 있는 여러 식당에서 맛볼 수 있는데, 가장 유명한 식당은 화해당이다. 밝은 주황빛 알과 완벽하게 어우러진 게살은 간장의 짠맛이 도드라지면서도 부드러운 식감과 속살의 달콤한 맛을 간직하고 있다. 구할 수 있다면 꽃게로 만들어도 좋지만 새우의 식감과 맛으로도 꽃게와 비슷한 결과물을 낼 수 있다.

새우가 간장물에 더 오래 절여질수록 짠맛도 강해진다. 간장물에 이틀만 담가두면 완벽하게 균형이 잡혀, 새우 본연의 맛을 간직하면서도 간장물의 다양한 맛이 잘 배어든다. 이 요리는 재료 구성이 단순한 만큼 신선하고 품질이 좋은 재료, 특히 신선한 새우를 쓰는 것이 중요하다.

How to Make

1   **간장물 만들기:** 중간 크기 냄비에 라이트 맛간장, 통후추, 양파, 대파, 고추, 생강, 마늘, 물 1컵(240ml)을 넣고 중불에 올려 끓인다. 끓기 시작하면 5분간 더 끓인 후 불에서 내리고 뚜껑을 닫아 상온에서 식힌다. 간장물을 거르지 않고 오래 둘수록 향신료 맛이 진하게 우러날 것이다. 도자기나 유리 용기에 체를 대고 간장물만 걸러낸 후 한식간장을 넣고 섞는다.

2   **새우 넣기:** 새우를 찬물에 깨끗이 씻는다. 간장물이 담긴 통에 새우, 마늘, 고추를 넣고 뚜껑을 닫은 후 2~5일간 냉장고에서 숙성한다. 이때 새우가 간장에 잠겼는지 잘 확인해야 한다.

3   접시 두 개에 새우를 똑같이 나눠 담고 간장물 1/4컵(60ml)을 나눠서 붓는다. 그 위에 홍고추와 쪽파를 뿌린다. 참기름을 뿌린 밥과 함께 식탁에 낸다. 먹기 전에 대가리를 제거하는 것이 좋다.

간장 고등어조림

2인분

간장 양념장 재료

라이트 맛간장(53p 참고) 3½큰술
(55ml)

고춧가루 1½큰술(10g)

한식간장 2작은술(10g)

참기름 1/2작은술(2g)

곱게 다진 마늘 2알(10g)

통흑후추 간 것 약간

주 재료

껍질 벗긴 후 1cm 두께로 썬 무
1/6개(100g)

손질된 생물 고등어 또는 삼치
필렛 90g 2조각(180g)

6mm 두께로 얇게 썬 중간 크기의
양파 1/4개(50g)

대파 1/3대, 흰 부분만 1cm
두께로 어슷썰기(15g)

2mm 두께로 얇게 썬 청양고추나
할라페뇨 1/2개(2g)

조림과 찜은 상당히 비슷하다. 두 조리법 모두 흔히 장을 양념으로 사용하여 재료를 푹 익힐 때 사용한다. 보통 조림의 핵심은 채소, 생선 등 비교적 조직이 부드러운 재료에 양념을 스며들게 하여 부드럽게 익히는 것이고, 찜(갈비찜이나 닭찜 등)의 핵심은 조직이 질긴 고기를 푹 익혀주면서 맛이 스며들도록 좀 더 오랫동안 조리한다는 것이다. 이 레시피는 조리법보다도 생선을 조리하는 조림 기술을 설명하는 것에 가깝다. 기름지고 맛이 강한 고등어가 조림 요리에 잘 맞지만, 마트에서 구할 수 있는 어떤 생선이든 괜찮다.

채소 또한 구하기 쉬운 것을 사용하면 되는데 어떤 조림 요리에든 잘 어울리는 신김치를 제외하면, 잎채소보다는 무나 양파처럼 덩어리 채소를 사용하는 게 조림 요리에 좀 더 어울린다. 생선 위에 유산지를 덮고 조리면 생선이 부드럽게 익으면서 살에 간장 양념장이 쏙 배어들어 맛있는 조림을 완성할 수 있다.

How to Make

1 **양념장 만들기:** 작은 볼에 라이트 맛간장, 고춧가루, 한식간장, 참기름, 마늘, 통후추 간 것, 물 1/2컵과 1/3컵(200ml)을 넣고 섞는다.

2 **생선 조리기:** 평평하고 넓은 냄비 바닥에 무를 가지런히 깔고 그 위에 생선 살코기와 양파를 올린다. 생선이 푹 잠기도록 간장 양념장을 붓는다. 생선 위에 유산지를 덮고 냄비를 중불에 올린다. 국물이 끓기 시작하면 불을 줄이고, 5분마다 유산지를 들어 올려 채소와 생선 위에 국물을 끼얹으면서 15~20분간 뭉근히 끓인다. 생선이 다 익었으면 대파와 고추를 흩뿌려준다. 1분 더 끓인 뒤, 바로 식탁에 낸다.

갈비찜

4인분

다크 맛간장(53p 참고) 3컵(720ml)

껍질 깐 마늘 6알(30g)

껍질 제거한 1cm 크기의 신선한 생강 1조각(10g)

껍질과 심지를 제거한 배 1/2개 (200g)

4cm 길이로 썬 뼈가 붙어 있는 소갈비 2kg

껍질 벗겨 물에 불린 생밤 15알 (160g)

껍질 제거 후 2.5cm 크기 주사위 모양으로 썬 중간 크기 무 1/3개 (200g)

2.5cm 크기 주사위 모양으로 썬 큰 당근 1개(100g)

씻어서 다듬고 4등분한 중간 크기 표고버섯 5개(100g)

마른 홍고추 2개(4g)

건대추 5알(30g)

달걀 1개, 노른자와 흰자 분리

식용유, 팬에 두를 용도

돼지고기로 갈비찜을 만들기도 하지만 이 레시피에서는 쇠고기를 사용한다. 간장은 소갈비찜을 만들 때 가장 잘 어울리는 양념이다. 고추장은 맛이 너무 강해서 기본적으로 주재료의 맛을 해친다. 반면에 된장을 넣으면 갈비찜 색이 너무 짙어지는 경향이 있다. 소갈비가 촉촉하고 부드러워지려면 충분히 오래 익혀야 한다. 조리 시간이 비교적 짧은 닭이나 돼지고기로 찜 요리를 한다면 고추장이나 된장을 사용해도 괜찮다.

조희숙 셰프님께 배운 갈비찜은 어느 계절에 먹어도 맛있지만, 개인적으로는 가을 중반부터 겨울까지 이어지는 밤 철에 특히 갈비찜이 생각난다. 버섯, 밤, 갈비 등 각각의 재료는 저마다 고유의 맛을 유지하면서도 다른 재료와 조화롭게 어울린다. 비록 필수는 아니지만 특별한 날에 갈비찜을 만든다면 마지막에 지단으로 장식해 보자. 흰자와 노른자를 분리해서 만든 고명인 지단은 맛이 좋을 뿐만 아니라 조화로운 색으로 음식을 예쁘게 꾸며준다.

How to Make

1 푸드프로세서에 다크 맛간장, 마늘, 생강, 배를 넣고 골고루 섞일 때까지 끊어가면서 돌린다.

2 큰 솥에 물을 붓고 끓인다. 끓는 물에 갈비를 집어넣고 1분간 데친 후 꺼내서 옆에 둔다. 물을 따라 버리고 다시 물 6⅔컵(1.6L), 양념장, 데친 갈비를 넣은 후 중불로 가열한다. 끓어오르면 약불로 줄이고, 갈비가 푹 잠겨 있는지 확인한 후 1시간 동안 뭉근히 끓인다.
밤, 무, 당근, 버섯, 고추, 대추를 넣고 채소가 부드럽게 익고 고기가 뼈에서 분리될 때까지 40분간 더 끓인다. 불에서 내려 뚜껑을 닫고 10분간 뜸 들인다.

3 그동안 분리한 흰자와 노른자를 작은 그릇에 따로 담아 각각 잘 섞는다. 코팅팬을 중불에 올려 기름을 가볍게 두른 후 노른자에 색이 나지 않도록 주의하며 한 면을 익힌다.
뒤집어서 30초만 더 익힌다. 익힌 노른자를 접시로 옮기고 흰자도 같은 방식으로 익힌다. 노른자와 흰자를 식힌 후 각각 2.5cm 크기의 다이아몬드 모양으로 자른다.

4 여럿이 즐길 수 있도록 커다란 접시에 담고 달걀 지단으로 장식해서

식탁에 낸다.

TIP 갈비찜은 만든 다음 날에 고기와 양념이 잘 어우러져서 더욱 맛이 좋다. 갈비찜
을 재가열할 때는 양념 위에 떠 있는 굳은 기름을 제거한 후 양념과 고기를 함
께 데운다.

LA갈비구이

4인분

갈비 간장 양념장 재료

다크 맛간장(53p 참고) 1컵(240ml)
심지를 제거한 배 1/4개(90g)
굵게 다진 양파 1/4개(45g)
곱게 다진 마늘 3알(15g)
6mm 크기 신선한 생강 한 조각,
굵게 다져서 준비(4g)
식용유 2큰술과 3/4작은술(22g)
참기름 2큰술과 3/4작은술(22g)
꿀이나 메이플시럽 1½큰술(30g)
소금 1½작은술(7g)
즉석에서 간 흑후추 한 꼬집
1cm 두께로 썬 LA갈비 1kg

양념 밥 재료

쌀밥 4컵(800g)
참기름 2큰술과 1작은술(32g)
양조간장 2작은술(12g)

마무리 재료

얇게 썬 작은 양파 1개(120g)
대파 1대, 흰 부분만 얇게 썰어서
준비(50g)
장식용 신선한 고수 2/3컵(8g)

돼지고기의 최고봉이 삼겹살이라면, 쇠고기의 최고봉은 갈비다. 가장 풍미가 좋고 두루두루 사랑받으면서도 가장 귀하게 여겨지는 고기 부위이기 때문이다. 갈비는 지방과 고기의 비율이 적절해서 양념에 재우기 좋을 뿐 아니라 그릴에 굽기도 좋은 부위다. 다시 말해 고기 맛을 풍부하게 해주는 간장의 역할이 돋보이는 부위가 바로 갈비다. 양념장은 두 가지 역할을 한다. 맛간장이 음식에 풍미를 내는 동안 배에 든 효소가 고기에 든 펩타이드를 분해해 고기를 부드럽게 한다.

우리나라는 주로 뼈 모양을 따라 수직으로 자른 갈비를 사용하고 미국에서는 뼈를 가로질러서 자른, 소위 LA갈비가 더 흔하다. 의견이 분분하기는 하지만, LA갈비는 엘에이에서 사는 한국계 이민자들이 립아이 부위를 선호하는 미국인들 취향에 적응하면서 만들어졌다는 견해가 대부분이다. 그러다가 결국 이민자들의 요리가 한국으로 역수출되면서 한국에서도 인기를 끌었다는 것이다.

How to Make

1   **갈비 간장 양념장 만들기:** 블렌더에 다크 맛간장, 배, 양파, 마늘, 생강, 기름, 참기름, 꿀, 소금, 후추, 물 1/3컵과 1큰술(100ml)을 넣고 곱게 간다.

2   커다란 밀폐용기에 갈비를 넣고 양념장을 부은 다음 최소 1시간에서 하룻밤까지 상온에 재워 둔다.

3   그동안 양파와 대파를 얼음물에 30분 동안 담가 매운맛을 뺀다. 체에 받쳐 물기를 뺀다.

4   차콜 또는 바비큐 그릴을 고온으로 설정하거나 커다란 주물팬을 센불에 올린다. 갈비를 넣고 양념장이 타지 않도록 자주 뒤집으면서 소스가 살짝 캐러멜화되고 고기가 미디엄웰던으로 익을 때까지 3~5분간 굽는다. 갈비를 접시로 옮겨 살짝 식을 때까지 레스팅한 다음 한입 크기로 자른다.

5   고기를 레스팅하는 동안 중간 크기 볼에 쌀밥, 참기름, 간장을 넣고 골고루 버무린다.

6   양념한 밥을 각각의 접시에 담고 그 옆에 양파와 대파를 적당히 올린다. 밥 옆에 갈비를 담고 고수로 장식한다.

떡갈비

2인분

김치 쌈밥 재료

쌀밥 1컵(200g)

참기름 2작은술(10g)

한식간장 1/2작은술(2g)

백김치 12장, 이파리 위주로 9cm
크기 사각형으로 썰어서 준비

패티 재료

굵게 간 뼈 없는 갈빗살 400g

다크 맛간장(53p 참고) 1/3컵(80ml)

굵게 다진 양파 1/4개(30g)

대파 1/4대, 흰 부분만 굵게
다져서 준비(12g)

곱게 다진 마늘 2알(10g)

꿀이나 메이플시럽 3/4작은술(5g)

허브용 드레싱 재료

한식간장 1/2작은술(2g)

참기름 1/2작은술(2g)

현미식초 1/2작은술(2g)

신선한 처빌 1/4컵(5g)

'떡갈비'는 이름과 달리 떡이 들어가지 않는다. 이 요리는 고기를 떡의 모양을 내듯 햄버거 패티 모양으로 만들어 굽는다. 떡갈비가 처음 만들어진 조선 왕조 때에는 늙을 노 자를 써서 '노갈비'라고 불렀다. 인도 북부 지역 러크나우의 아와디 케밥 (Awadhi kebabs, 이가 다 빠진 통치자 아사프 우드 다울라Asaf-ud-Daula를 위해 고안된 잘게 다진 고 기와 향신료로 만든 케밥)처럼 이 부드러운 고기 패티는 이가 없는 사람들도 먹을 수 있 도록 만들어졌다. 전통적으로 떡갈비는 반상의 일부로, 여러 반찬과 밥과 함께 상 에 오른다. 하지만 이 레시피에서 나는 이러한 장점들을 합쳐 칼과 포크 또는 젓가 락으로 먹거나 빵 위에 얹어 먹을 수 있는 하나의 요리로 만들었다. 햄버거는 아니 다. 햄버거보다 매력적이다!

How to Make

1   오븐을 200℃로 예열한다.

2   **김치 쌈밥 만들기:** 중간 크기 볼에 밥, 참기름, 간장을 넣고 살살 버무린 다. 밥을 약 1큰술씩 12등분한다. 백김치의 한쪽 가장자리에 밥을 올 리고 백김치로 밥을 돌돌 말아 완전히 감싼다. 남은 밥을 모두 같은 방법으로 감싼 후 접시에 올려 상온에 둔다.

3   **패티 만들기:** 커다란 볼에 간 쇠고기, 다크 맛간장, 양파, 대파, 마늘, 꿀 을 넣고 섞는다. 네 덩어리로 분할해 지름 6.75~7.5cm 타원형 패티로 빚는다.

4   무쇠팬을 센불에 올리거나 차콜 그릴을 고온으로 설정한다. 뜨겁게 달 군 팬이나 그릴 위에 패티를 올리고 30~60초마다 뒤집어가며 총 6~7 분간 굽는다. 만약 겉면 색이 진한데도 속은 아직 익지 않았다면, 팬 째로 오븐에 넣고 속이 완전히 익을 때까지 5분간 굽는다.

5   **허브용 드레싱 만들기:** 볼에 간장, 참기름, 식초를 넣고 섞어 드레싱을 만 든다.

6   떡갈비를 접시 두 개에 옮겨 담고 그 옆에 김치 쌈밥을 올린다. 먹기 직전에 드레싱에 처빌을 넣어 살살 버무린 뒤 떡갈비와 김치 쌈밥을 담은 접시에 올려 바로 식탁에 낸다.

약밥

4인분

생찹쌀 1¼컵(250g)

건대추 2~3알(15g)

호두 반태 1/4컵(25g)

잣 1큰술(10g)

꾹 눌러 담은 황설탕 1/2컵(100g)

양조간장 2큰술(30g)

꿀 1½큰술(30g)

참기름 1½큰술, 팬에 바를 용 별도(15g)

껍질 제거 후 4등분한 생밤 8알 (50g)

새해의 첫 보름달을 기념하는 정월대보름. 이날에는 예로부터 찹쌀에 여러 가지 부재료를 넣어 만든 달콤한 약밥을 먹는다. 그러나 나는 때를 가리지 않고 약밥을 즐겨 먹는다. 데우지 않아도 먹을 수 있고 과하게 달지 않은 찹쌀밥은 완벽한 간식이다. 약밥의 '밥'은 찹쌀밥을 가리키고, '약'은 전통적으로 약으로 취급됐던 꿀을 가리킨다. 이동해야 하거나 제대로 식사할 시간이 없을 때 약밥 몇 개를 세상에서 가장 맛있는 쌀로 만든 단백질바인 것처럼 주머니에 넣고 다니다가 틈이 날 때 먹는다. 약밥은 밀폐용기에 넣으면 3일간 보관할 수 있다.

How to Make

1   오븐을 120℃로 예열한다.

2   찹쌀을 찬물로 세 차례 헹군 후 깨끗한 찬물이 담긴 볼에 넣고 냉장고에서 6시간 불린다.

3   대추의 윗부분과 아랫부분을 잘라낸다. 날카로운 칼로 대추의 살을 따라 위에서 아래로 칼집을 낸 다음 돌려 깎아 씨를 제거한다. 나머지 대추도 똑같이 반복해 종잇장처럼 펼친 씨 없는 대추를 준비한다. 밀대로 대추를 얇고 넓적하게 민 후 각각 힘줘서 돌돌 말고 꽃 모양으로 얇게 썬다. 베이킹 시트에 얇게 썬 대추를 올리고 오븐 문을 살짝 연 채로 30분간 말린다.

4   불린 찹쌀은 체에 받쳐 물기가 빠지도록 한다.

5   마른 팬을 중불에 올리고 호두를 넣은 다음 향이 올라올 때까지 약 3분간 가볍게 볶는다. 팬에서 호두를 꺼내고 살짝 식힌다. 그동안 팬을 다시 약불에 올리고 잣을 넣은 다음 약 3분간 볶는다. 불에서 내려 식힌다. 구운 호두를 굵직하게 다진다. 잣 10알은 장식용으로 따로 남겨둔다.

6   작은 볼에 황설탕, 간장, 꿀, 참기름, 물 1/3컵과 1큰술(100ml)을 넣고 설탕이 완전히 녹을 때까지 섞는다.

7   압력솥에 불린 찹쌀, 밤, 구운 잣, 간장 양념을 넣고 섞는다. 전기압력

솥을 쓴다면 잡곡 기능 버튼을 누른다. 가스레인지용 압력솥을 쓴다면 고온에서 가열하다가 추에서 소리가 나면 약불로 줄여 13분 더 익힌다. 불에서 내려 15분간 뜸들인다. 밥이 다 됐으면 볼에 옮겨 담고 구운 호두 다진 것을 넣어 섞는다. 지름 23cm 원형 틀 안쪽을 참기름으로 얇게 코팅한 후 아직 따뜻한 밥을 눌러 담아 완전히 식힌다.

8   원형 틀에서 약밥을 꺼내 피자 모양으로 자른다. 조각마다 윗면에 얇게 썬 대추와 남겨둔 잣을 올려 장식한다.

간장 그래놀라와 요거트

4인분

메이플시럽이나 꿀 1/4컵(60ml)

엑스트라 버진 올리브유 3큰술(45g)

양조간장 1큰술과 1작은술(20g)

압착 귀리 1⅓컵(150g)

아몬드 슬라이스 1/4컵(50g)

4등분한 피칸이나 호두 1/4컵(25g)

껍질 벗긴 호박씨 1/4컵(50g)

달걀흰자 1개분

건크랜베리 1/4컵(50g)

일반 플레인 요거트 2컵(480g)

생블루베리 2/3컵(40g)

씨 제거 후 깍둑 썬 백도 1/2개(50g)

장식용 민트 4줄기(선택)

그래놀라는 전통적인 한식 아침식사 메뉴는 아니지만, 먹고 싶은 재료들을 마음껏 넣을 수 있고 다양한 조합이 가능하다는 점을 좋아한다. 사실 간장 그래놀라는 밍글스의 시그니처 디저트인 '장 트리오' 일부로, 된장 바닐라 크렘 브륄레(147p 참고), 고추장 튀밥과 함께 선보이고 있다. 어느 날 아침 그래놀라가 얼마나 남았는지 보러 밍글스의 주방에 갔을 때 그래놀라를 요거트에 넣어 봤고, 그 이후로 이 메뉴는 내가 즐겨 먹는 아침 식사가 되었다.

이 레시피는 특히 달걀흰자가 재료를 뭉쳐주는 역할을 하면서도 단맛을 내지 않아서 맘에 든다. 미국의 시판 그래놀라 중 몇몇은 내 입맛엔 너무 달다. 간장은 그래놀라를 설탕처럼 달게 하는 대신 짭조름하면서도 캐러멜 같은 맛을 낸다. 견과류, 씨앗, 과일 등의 부재료는 각자 어울리는 재료를 선택해서 넣는다. 이 레시피의 핵심은 올리브유, 메이플시럽, 간장, 달걀흰자를 그래놀라에 혼합하는 것이다. 분량을 두 배 혹은 아예 세 배로 넉넉히 만들어 냉동실에 넣으면 6개월까지도 보관할 수 있다.

How to Make

1 오븐을 150℃로 예열한다.

2 작은 볼에 메이플시럽, 올리브유, 간장을 넣고 섞는다. 다른 볼에 귀리, 아몬드, 피칸, 호박씨를 넣고 섞는다. 귀리가 든 볼에 메이플시럽 혼합물을 넣고 골고루 버무린다. 이어서 달걀흰자를 넣고 섞는다.

3 잘 섞은 재료를 베이킹 시트에 골고루 펼쳐 오븐에 넣고, 약 5분마다 뒤섞어주며 황금빛이 돌 때까지 20~25분간 굽는다. 오븐에서 꺼내 15분간 식힌 후 건크랜베리를 넣고 섞는다.

4 그릇 4개에 요거트를 나눠 담고 각각 윗면에 그래놀라를 뿌린 후 블루베리와 백도를 똑같이 나눠 올린 다음 원한다면 민트로 장식해 식탁에 낸다.

아미산 쑥티

몇 년 전에 한국의 대표 미식 매거진 편집장이 국내 전역에서 만들어진 50여 가지가 넘는 장을 연구하고 테이스팅 기획 기사를 준비한다고 연락을 주었다. 그렇게 다른 셰프들과 한국 식문화를 연구하신 교수님 등 다양한 전문가들로 구성된 패널이 합심하여 매거진의 미팅룸에서 테이스팅 작업을 했다. 거기에는 전국 각지에서 모인 수십 종의 간장이 있었다. 맑은 빛깔의 간장부터 진한 농도와 색이 짙은 간장들까지 다양했다. 하지만 짧은 시간 동안 수십 가지 장의 원액을 테이스팅하는 일은 쉽지 않았다. 한참 테이스팅을 하다 보니 혀는 둔해지고 머릿속에서는 여러 장이 뒤섞여 구분이 잘 되지 않았다. 그러다가 작은 종지에 담긴 진한 갈색의 간장을 맛봤다. 그 간장은 짜릿할 정도로 짭짤하며 묵직한 느낌으로 쿰쿰한 향과 깊은 감칠맛이 가득했다. 내가 놀란 건 그 장맛을 보니 어린 시절의 기억이 문득 떠올랐기 때문이다. '이건 우리 친할머니의 장맛 같아.' 충북 보은군에 있는 친할머니 댁에 놀러가던 때로 되돌아간 듯했다. 뒤쪽에 놓인 제품을 살펴보니 정말 할머니 댁이 있던 보은에서 생산된 간장이어서 깜짝 놀랐다. 비록 친할머니가 돌아가신 후로 우리 가족은 보은에 자주 가지 못했지만, 할머니가 떠나시고 몇 년이 지난 후 상상도 못한 순간에 익숙한 맛을 만났다. 그래서인지 우춘홍 명인의 간장에 부쩍 관심이 생겼다.

높은 산비탈에 자리 잡은 쑥티 마을은 골짜기 초입에서부터 굽이진 길을 한참 따라 올라가야 나타난다. 깔끔하게 경작된 대추 밭이 소나무와 참나무 숲으로 이어지는 이곳은 열다섯 남짓의 집이 모여 사는 아담한 마을이다. 사실 쑥티 마을은 모두 같은 집안사람들끼리 모인 작은 마을이다.

마을의 역사는 고려의 충신이었던 우 씨가 조선의 왕에게 유배당하면서 개성에서 우씨 집안 사람들을 데리고 와 정착했던 600년도 더 넘은 때로 거슬러 올라간다. 하지만 우춘홍 명인은 이곳에 정착해 살리라고는 상상도 하지 못했다. 반달눈으로 활짝 웃는 미소가 인상적인 명인은 이곳에서 태어났지만 인생의 대부분을 서울에서 보냈다. 명인은 인사동에서 수년간 빈티지 가구점을 운영했다. 남편 김우경 씨와 함께 서울에서 아이들을 키우면서 명절이나 긴 휴일에 어머니를 뵈러 마을에 내려오곤 했다. 그러다가 9년 전에 자식들이 독립하자 부부는 고향으로 돌아와 완전히 새로운 삶을 계획하며 이곳에 정착했다.

김우경 씨는 그녀의 고향 쑥티 마을의 매력에 빠져 결혼했다고 농담처럼 말하지만, 사실 그 말에는 진심이 담겨 있다. 그는 즉시 마을 생활에 적응했고, 손수 목공 작업실을 지어 다양한 것을 만들어 냈고, 마을 사람들과의 교류도 활발했다. 반면 우춘홍 명인은 막상 본인의 유년 시절을 보냈던 작은 쑥티 마을로 돌아오니 무슨 일부터 시작해야 할지 몰랐다. 그때 남편이 어머니의 취미를 사업으로 키워 보는 건 어떻겠느냐고 제안했다. 뒤뜰 한켠에는 쑥티 마을의 여느 집들처럼 장독이 자리 잡고 있었다. 어머니의 간장은 마을에서도 맛 좋기로 유명했는데, 어머니 입장에선 고향으로 돌아와 여유 시간이 많았던 우춘

홍 명인에게 가능성을 전하고 싶었다. 처음에는 어머니의 전통적인 레시피에 따라 된장과 간장을 조금씩 만들었다. 그러다가 부부는 담가 둔 장을 큰 회사를 운영하는 남편 친구에게 명절 선물 용도로 팔았다.

한동안 사업은 잘되는 듯 싶었지만 우춘홍 명인은 불현듯 본인의 삶에 회의를 느꼈다. 전통 방식으로 장을 만드는 어머니의 일을 이어받아 자유로움 없이 지내는 것 같은 본인의 삶에 큰 회의를 느끼고 이곳에 돌아오자고 한 남편 김우경 씨에게도 불만스러움을 표현했다. 엎친 데 덮친 격으로 몇 년이 지나자 장 판매가 줄어들었고, 그에게 남은 건 평소 친분이 있던 장독 장인에게 구입한 70개의 커다란 장독과 그 안에 가득 차 있는 장뿐이었다. 이 고요한 마을을 벗어나 서울로 돌아가고 싶은 마음이 간절했다. 하지만 그는 그곳을 벗어나는 대신 근처에 있는 유서 깊은 절 법주사에 다니기 시작했다. 그곳에서 스님을 뵙고 불교를 깊게 공부하면서 불교에 내포된 수용의 철학을 깨닫게 되었다. 바로 그 순간 분노, 불만, 좌절감으로 가득했었던 그의 마음도 편안해졌다. 스님들의 가르침대로 삶에는 고통도 있지만, 매 순간을 감사하고 받아들이는 마음이 중요했다. 그것이야말로 불교에서 말하는 깨우침이었다. 불교의 가르침에 귀를 기울이자 서서히 기쁨이 되찾아 오기 시작했다. 어느 날 아침 장독 사이를 거닐며 장독을 관리하던 그는 마침내 자신이 있어야 할 곳은 바로 쑥티 마을이고, 본인이 해야 할 일이 이곳에서 장을 만드는 것이라 깨달았다.

그렇게 다시 장 담그기에 온전히 빠져들어 모든 생각과 아이디어를 장 담그는 일에 쏟아부었다. 단순히 어머니의 레시피를 따라 만들기보다는 변화를 주었다. 이를테면 장독에 메주를 넣을 때 전통적으로 쓰는 물 대신 30년 숙성한 보이차를 넣고 실험해 보는 식이었다. 개방된 환경에서 메주를 숙성하고, 산에서 공기 중에 떠다니는 미생물이 메주에 침투하도록 했다. 순수한 의도로 즐겁게 장을 만들었다. 그는 지금까지도 매일 아침 장을 관리하기에 앞서 108배 참회기도문을 낭송한다.

아미산쑥티라는 브랜드로 시장에 나온 우춘홍 장인의 장은 투박하면서도 섬세한 맛으로 명성을 얻었다. 2019년에는 슬로푸드문화원에서 주관한 참간장어워즈에서 대상을 받기도 했다. 아미산 쑥티 장의 수요는 엄청나게 늘었지만, 사업은 소규모로 유지하고 있다. 아미산 쑥티의 이름을 걸고 만드는 모든 장을 직접 관리하고 싶어 해마다 300리터의 간장만을 생산하고 있다.

그는 쑥티 마을에서 진심으로 행복해 보인다. 어떤 날에 방문하든, 남편이 작업실에서 가져온 나뭇조각으로 부뚜막에 불을 지피는 동안 모녀가 거대한 주걱으로 우윳빛 콩물을 휘저으며 야외에 설치한 커다란 가마솥 앞에서 그날 필요한 두부를 만드는 모습을 볼 수 있다. 겨울이 되면 산골짜기의 지역 농부들에게서 공수해 온 콩을 삶아내는 것도 바로 이 가마솥이다. 집에서는 점심 시간이 되면 가족들이 길쭉한 식탁 주위로 모인다. 식탁은 두부를 만들고 남은 콩 찌꺼기인 비지찌개와 갓 만든 두부와 양념간장, 잘 익은 김치, 된장으로 양념한 머위나물과 고추장으로 맛을 낸 더덕으로 꾸며진다. 점심 시간이 끝나면 명인은 뒤뜰에 가지런히 늘어선 장독을 관리한다. 각각의 장독은 먼지 한지로 덮은 뒤 장독 뚜껑으로 단단히 닫혀 있다. 봄이 되면 장인은 간장에서 된장을 분리한다. 보통 이 과정은 남매 여섯 명의 도움을 받아 재빠르게 진행한다. 전통 방식이지만 조금 더 체계적으로 많은 양의 장을 생산하는 장인들과는 달리 정확한 측정 도구 대신 오롯이 우춘홍 명인 본인의 감각에 의존한다. 손으로 메주를 부숴서 검은색 곰팡이를 찾아 제거한다. 작은 나무 숟가락으로 강렬하고 고기 풍미가 나는 간장과 더욱 풍미 깊은 된장 조각을 맛본다. 그리고 장독에 남은 액체를 체로 걸러 다른 통에 옮겨 담는다. 간장은 최소 2년간 더 숙성할 것이다. 장 가르기에서 나온 건더기는 다른 장독에 옮겨 맛있는 된장으로 숙성될 것이다. 이처럼 장 가르기는 체력이 많이 소진되고 힘든 작업이다.

우춘홍 명인 부부는 집안의 한켠에 작은 스튜디오를 두고 쑥티 마을에 찾아오는 손님들을 위해 본인이 사랑하는 보이차를 함께 즐기는 다실로, 지역 예술가의 작품을 전시하는 갤러리로 스튜디오 공간을 멋지게 사용하고 있다. 스튜디오에 전시된 단아하고 추상적인 격자처럼 보이는 예술가의 그림을 자세히 들여다보면 붓끝에서 탄생한 인물들이 엎드리고 또 엎드려 절하는 모습이란 걸 알 수 있다. 그가 매일 장을 관리하는 일과 다를 바 없는 헌신의 동작이다. 우춘홍 명인은 말한다. "장과 함께하는 일은 일상의 모든 순간을 온전하게 살게 해주는 행복한 여정이에요."

된장

참깨 비네그렛을 곁들인 깍지콩(그린빈)

2인분

소금
깍지콩(그린빈) 200g
깨소금 1½큰술(10g), 장식용 통깨
한 꼬집 별도
현미식초 1큰술(15g)
한식된장 1½작은술(5g)
참기름 1작은술(5g)
엑스트라 버진 올리브유 2작은술
(10g)
한식간장 1작은술(5g)
꿀 2¼작은술(5g)
굵게 다진 아몬드 1½작은술(10g)

서양의 애피타이저와 한국의 반찬은 작은 접시에 담겨 있는 음식들이지만 서로 조금 다르다. 반찬은 식탁에 함께 차려지는 밥과 다른 반찬과 함께 먹을 때 가장 맛있는 음식이지만, 애피타이저는 단독으로도 즐길 수 있다는 점이 가장 큰 차이점이다. 하지만 이 깍지콩 요리는 양쪽 모두에 속할 수 있다. 된장의 감칠맛과 식초의 산미, 참깨의 고소한 맛이 어우러진 비네그렛 드레싱 덕분에 식사에 곁들여도 좋고, 단독으로도 즐길 수 있는 애피타이저 겸 반찬 요리가 된다. 더불어 완벽한 비건 요리로 어떤 상황에도 낼 수 있다. 소비뇽 블랑이나 알리고떼처럼 가볍고 토스트 풍미가 나는 화이트와인과 페어링하면 더더욱 완벽하다.

NOTE 이 깍지콩 요리에 빵, 치즈, 두부, 쌀밥을 곁들여도 잘 어울린다.

How to Make

1 물 8⅓컵(2L)에 소금을 넉넉히 넣고 끓인다. 얼음물을 준비한 후, 끓는 물에 깍지콩을 1분 30초~2분간 데친 뒤 더 이상 익지 않도록 얼음물에 담근다. 깍지콩이 식으면 물기를 빼고 끝부분을 다듬는다.

2 커다란 볼에 깨소금, 식초, 된장, 참기름, 올리브유, 간장, 꿀을 넣고 잘 섞는다.

3 드레싱이 든 볼에 깍지콩을 넣고 골고루 버무린 후 접시에 담고, 아몬드와 통깨를 뿌려서 마무리한다.

뿌리채소 샐러드

4인분

알감자 1½컵(200g), 껍질 제거 후
1cm 두께로 썰어서 준비

땅콩호박 1/3개(200g), 껍질과 씨
제거 후 2.5cm 두께로 둥글게
썰어서 준비

고구마 1개(200g), 껍질 제거 후
1cm 두께로 썰어서 준비

큼직한 미니 당근 8개(200g), 반
갈라서 준비

골든비트 1/2개(100g), 껍질 제거
후 1cm 두께로 썰어서 준비

엑스트라 버진 올리브유 2큰술
(25g)

신선한 타임 1큰술(5g)

소금

레드비트 1/2개(100g), 껍질 제거
후 두께 1cm로 썰어서 준비

바비큐 된장(54p 참고) 1/3컵(90g)

아몬드 슬라이스 1/4컵(20g)

당근 잎 4~5장, 큼직하게 찢어서
준비(선택)

즉석에서 간 흑후추

가을이나 겨울에 간단히 먹기 좋은 이 샐러드는 잘 구워진 뿌리채소의 단맛과 바비큐 된장이 졸아들면서 생기는 고소한 감칠맛이 특징이다. 비건 메인 요리로 준비해도 무리가 없을 만큼 맛도 영양도 풍부한 샐러드다. 간단한 요리지만 만드는 과정에서 주의해야 할 점이 두 가지 있다. 첫째는 채소를 버무릴 때는 레드비트를 따로 버무려야 채소가 온통 붉게 물드는 것을 막을 수 있다. 둘째는 채소별로 단단한 정도가 다르므로 익는 시간도 저마다 다르다는 점이다. 일반적으로 채소가 밀도가 높고 묵직할수록 익는 시간도 오래 걸린다. 채소를 굽는 동안 포크로 찔러 보면서 다 익어서 오븐에서 꺼내야 할 채소는 무엇이고, 더 익혀야 할 채소는 무엇인지 수시로 확인한다.

How to Make

1 오븐을 220℃로 예열하고 오븐 팬에 유산지를 깔아 둔다.

2 커다란 볼에 감자, 호박, 고구마, 당근, 골든비트, 올리브유 1큰술, 타임 1/2큰술, 소금 한 꼬집을 넣고 버무린다. 다른 볼에 레드비트, 남은 올리브유와 타임, 소금 한 꼬집을 넣고 버무린다.

3 준비한 오븐 팬에 채소를 깔고 수시로 확인해 타지 않도록 주의하며 15분간 굽는다.

4 채소가 구워지는 동안 작은 볼에 바비큐 된장과 물 3큰술(45ml)을 넣고 섞는다.

5 15분이 지나면 오븐에서 채소를 꺼내 희석한 바비큐 된장이 든 볼에 넣어 골고루 버무린다. 그 후 다시 오븐 팬에 올리고 5분 더 굽는다. 아몬드 슬라이스, 당근 잎으로 장식하고 후추로 입맛에 맞게 간을 해 즐긴다.

그리스식 보리 샐러드와
된장 비네그렛 드레싱

2인분

생보리 3/4컵(120g)
베이비 로메인 상추 1포기

된장 비네그렛 재료

화이트와인 식초 1½큰술(20g)
한식된장 1큰술(20g)
꿀 1½작은술(10g)
디종 머스터드 1/2작은술(2g)
엑스트라 버진 올리브유 1큰술과
2¼작은술(25g)

보리 샐러드 재료

굵게 다진 신선한 파슬리 1/4컵
(2g)
굵게 다진 신선한 민트 1/4컵(2g)
깍둑 썬 중간 크기 토마토 1개(30g)
깍둑 썬 중간 크기 오이 1/3개(30g)
1cm 크기 주사위 모양으로 깍둑
썬 페타치즈 60g
그린올리브 8개, 씨 제거 후 썰어서
준비(15g)
블랙올리브 10개, 씨 제거 후
썰어서 준비(15g)
6등분한 작은 래디시 1개(10g)

이 여름 요리의 중심에는 흔히 밥과 상추쌈에 곁들여 먹는 강된장이 있다. 자연의 맛이 나면서도 깊은 위안을 주는 요리로 특히 채소가 가장 신선할 때인 따뜻한 계절에 먹으면 완벽하다. 이 샐러드는 한식 된장의 묵직함, 한국에서 원기를 북돋아 준다고 알려진 보리, 맛이 확연히 드러나는 그릭 샐러드의 맛을 한데 아우른다. 여기에서는 강된장 비빔밥(129p)을 만들 때처럼 강된장을 만드는 대신 전통적인 비네그렛 재료를 넣고 졸일 것이다. 지중해 요리 재료인 페타치즈, 올리브, 오이, 토마토가 요리를 산뜻하게 해준다면, 된장과 보리는 이 샐러드를 구수한 맛으로 버무려준다.

How to Make

1 보리를 깨끗이 씻어서 중간 크기 냄비에 넣고 물 3⅓컵(800ml)을 부은 후 중불에서 20분간 삶는다. 익은 보리를 체에 걸러 찬물로 씻은 후 물기를 뺀다.

2 로메인 상추는 잎을 한 장씩 떼 차가운 물에 씻고 물기를 제거한다.

3 **된장 비네그렛 만들기:** 작은 볼에 식초, 된장, 꿀, 머스터드를 넣고 잘 섞는다. 된장 건더기가 남지 않도록 체에 거른 후 올리브유를 천천히 붓고, 거품기로 잘 저으면서 유화시킨다.

4 보리에 드레싱 절반을 붓고 섞어서 접시 중앙에 담는다. 남은 드레싱을 원하는 만큼 그 위에 붓고 파슬리와 민트를 뿌린다. 보리 주변에 토마토, 오이, 페타치즈, 두 가지 올리브, 래디시를 돌려 담는다. 로메인 상추와 함께 제공하여 쌈채소처럼 샐러드와 즐긴다.

된장 후무스

2인분

마른 병아리콩 1/2컵(100g) 또는
병아리콩 통조림 230g

깨소금 1큰술(10g)

블렌디드 된장(53p 참고) 1½큰술
(5g)

꿀 1½작은술(10g)

레몬즙 1/2개분(6g)

엑스트라 버진 올리브유 2큰술
(20g)

즉석에서 간 흑후추 한 꼬집

된장 파우더(48p 참고) 한 꼬집

고추장 파우더(48p 참고) 한 꼬집

세척한 미니당근 1컵(80g)

반으로 가른 방울토마토 1/2컵
(80g)

길이 7.5cm로 자른 셀러리 2줄기
(80g)

크래커 혹은 칩

후무스는 된장과 닮은 점이 많다. 둘 다 콩으로 만들고, 비건이며, 놀랍도록 쓰임새가 다양하다. 된장 후무스를 크루디테(crudités, 셀러리, 당근 등의 생채소를 소스에 찍어 먹는 전채요리)나 빵, 크래커와 곁들이면, 미네랄이 뚜렷하게 느껴지는 샤르도네나 루아르 계곡의 쉬농에서 생산된 까베르네 프랑과 완벽한 조화를 이룬다. 이 레시피는 다른 제철 재료를 사용해 만들어도 좋다.

전통적인 후무스는 병아리 콩으로 만들지만, 나는 여름에는 잠두콩을, 봄에는 완두콩을 사용하기도 한다. 가끔은 우리 땅에서 나는 재료로 눈을 돌려 된장을 만들 때 쓰는 백태(메주콩)를 사용하기도 한다. 어떤 콩을 사용하든 간에 이 요리의 재미는 발효된 콩이 신선한 콩과 만나 새로운 맛을 내는 데 있다.

How to Make

1   마른 병아리콩을 사용한다면 콩이 물에 충분히 잠기도록 해 하룻밤 불린다. 물을 걸러내고 커다란 솥에 넣어 물 4¼컵(1L)을 부은 후 중불에 올려 끓인다. 물이 끓으면 약불로 줄여 40분간 뭉근히 끓인 후 불에서 내린다. 콩 삶은 물 2/3컵(150ml)을 따로 남기고 물을 걸러낸다. 병아리콩 통조림을 쓴다면 불리고 삶는 과정을 생략하고, 통조림에 든 물 1/2컵(120ml)을 따로 남겨둔다.

2   블렌더에 콩 삶은 물 절반, 병아리콩, 참깨, 된장, 꿀, 레몬즙을 넣고 간다. 나머지 콩 삶은 물과 올리브유 1½큰술을 천천히 블렌더에 붓고 고운 질감이 될 때까지 간다.

3   접시에 후무스를 올리고 가운데를 숟가락으로 눌러 홈을 만들고 남은 올리브유 1/2큰술을 올린다. 후추, 된장 파우더, 고추장 파우더를 뿌린다. 당근, 방울토마토, 셀러리, 크래커를 곁들여서 식탁에 낸다.

배추 쇠고기 된장전골

3~4인분

양지머리 육수 재료

손질한 소고기 양지머리 200g

껍질 제거 후 4등분한 중간 크기
무 1/4개(120g)

적당한 크기로 썬 양파 1/4개(50g)

대파 1/2대(25g)

간 마늘 5알(20g)

배추 양념 재료

작은 배추 1/2통(200g), 한 장씩
떼어서 준비

한식간장 1큰술과 1작은술(20g)

한식된장 1½작은술(10g)

굵은 고춧가루 1큰술(10g)

전골 재료

한식된장 1½작은술(10g)

멸치육수(50p 참고) 2컵(480ml)

3.5cm 크기의 사각형으로 썬
두부 150g

껍질 제거 후 가로 2.5cm, 세로
5cm, 두께 3mm 크기로 썬 무
1/4컵(75g)

두께 6mm 반달 모양으로 썬
애호박 1/4개(80g)

대파 1/4대, 흰 부분만 얇게
썰어서 준비 12g

얇게 어슷 썬 홍고추 1/3개(3g)

얇게 어슷 썬 초록색 청양고추나
할라페뇨 1/2개(5g)

액젓 1½작은술(10g)

겉들일 쌀밥 3컵(600g)

예로부터 소고기는 매우 귀했으므로 한국인들은 소고기의 모든 부위를 가능한 한 남김없이 사용했다. 살코기와 뼈에 담긴 맛과 영양을 남김없이 뽑아내 요리에 사용했고, 덕분에 소고기를 이용한 국물 요리는 한식에서 심도 있게 발전해왔다. 이 요리는 한식뿐만 아니라 전반적인 한국 문화를 압축하고 있다. 흔하고 구하기 쉬운 배추와 귀하고 접하기 어려운 소고기를 하나의 요리에 담아냈다.

배추는 달콤한 맛을 더하면서 같이 조리되는 고기와 채소의 맛을 흡수한다. 여기에 더해 멸치육수와 소고기육수를 함께 사용한 국물은 무겁지 않으면서 감칠맛이 가득하다.

나의 아내 도희가 너무나도 사랑했던, 그녀를 낳아 주고 길러 주신 우리 장모님께서 돌아가시기 전, 몸이 편찮으실 때면 이 국물 요리를 만들어 드리곤 했다. 그때마다 이렇게 맛있는 된장국은 처음 맛본다고 말씀하셨다. 비결은 좋은 된장을 쓰는 것이다. 좋은 된장으로 된장국을 끓이면 깊고 진한 맛이 난다.

How to Make

1   **양지머리 육수 만들기:** 커다란 솥에 양지머리, 무, 양파, 대파, 마늘을 넣는다. 물 8⅓컵(2L)을 붓고 센불로 끓인다. 끓어오르면 약불로 줄이고 뚜껑을 닫는다. 이따금 표면에 떠오르는 거품을 제거하면서 고기가 푹 익을 때까지 1시간 30분~2시간 동안 뭉근히 끓인다.
젓가락으로 찔러 보아 핏물이 나오지 않으면 고기를 꺼내서 잠시 식힌 후 얇게 썬다. 육수를 체에 걸러 통에 담고 건더기는 버린 후 상온에서 식힌다.

2   **배추 양념하기:** 중간 크기 냄비에 물을 붓고 끓인다. 얼음물을 준비한다. 배추 뿌리 부분을 다듬고 4조각으로 자른 후 끓는 물에 배추를 넣고 부드러워질 때까지 1~2분간 데친 다음 얼음물에 담가 식힌 후 건져낸다. 키친타월로 물기를 제거하고 넓은 접시에 펼쳐 식힌다.
작은 볼에 간장, 된장, 고춧가루를 넣고 섞는다. 식힌 배추에 양념을 넣고 버무린 다음 잠시 옆에 둔다.

3   **전골 만들기:** 멸치육수와 소고기 양지머리 육수 3컵(720ml)을 부어 골고루 섞은 후 체에 대고 된장을 풀어준다.
크고 널찍한 냄비 바닥에 양념한 배추를 깔고, 가운데에 얇게 썬 고기를 올린 후 고기 주변에 두부, 무, 애호박을 가지런히 올린다. 준비한 육수를 붓고 센불에서 끓인다. 국물이 끓어오르면 약불로 줄이고 15분간 더 끓이다가 대파, 홍고추, 청양고추를 넣고 액젓으로 간한다. 마지막으로 한 소끔 끓인 후 밥과 함께 먹는다.

된장 짜장면

2인분

양파 된장 베이스 재료

식용유 1/2컵(120ml)

1cm 크기로 깍둑 썬 중간 크기
양파 3개(750g)

양조된장 2/3컵(200g)

짜장 소스 재료

1.5cm 크기로 깍둑 썬 돼지 목살
180g

즉석에서 간 흑후추

1cm 크기로 깍둑 썬 양배추
1/2통(250g)

1cm 크기로 깍둑 썬 애호박 1개
(250g)

옥수수전분 2작은술(10g)

토핑과 면 재료

소금

식용유 2큰술(28g)

달걀 2개

마른 칼국수 면이나 마른
이나니와 우동(전문 참고) 400g

짜장면의 역사는 짜지앙미엔zhájiàngmiàn이 탄생한 중국의 산둥성에서 시작됐다. 이는 발효한 검은콩으로 만든 춘장을 튀겨 내듯 볶아 면과 버무려내는 요리인데, 19세기 후반 인천에 청나라 군대가 주둔하면서 한국에 유입되었다. 치킨과 마찬가지로, 짜장면 역시 한국식 요리로 재탄생했다. 오늘날 볼 수 있는 짜장면은 흔히 잉크처럼 까맣다. 짙은 색의 비밀은 춘장을 튀겨 내듯 볶는 데 있고, 되직한 질감의 비밀은 옥수수전분에 있다.

1950년대 이후로 짜장면은 한국에서 매우 흔한 요리가 됐다. 전국의 어떤 도시에 가든 24시간 영업하는 중식당이 있어서 언제든 짜장면을 먹을 수 있었다. 시판 짜장면과 달리 이 레시피는 언제부터인가 짜장 소스에 흔히 쓰이는 캐러멜 색소가 들어간 춘장 대신 된장으로 맛을 낸다. 그래서 옅은 빛깔이 나지만 좀 더 건강에 좋다. 일반적으로 짜장면에 사용하는 중화면은 소다수와 밀가루를 사용해 면발에 탄력이 있다. 하지만 중화면이 없다면 맛있고 구하기 쉬운 칼국수 면을 이용해보자. 우동 면이나 탈리올리니tagliolini 파스타 면으로 만들어도 괜찮다.

How to Make

1   **양파 된장 베이스 만들기:** 깊이가 있는 팬을 중불에 올려 달군다. 기름을 붓고 약불로 줄인 후 양파를 넣고 반투명해질 때까지 20분가량 볶는다. 된장을 넣고 진한 갈색이 될 때까지 5분간 더 볶는다.

2   **짜장 소스 만들기:** 키친타월로 돼지고기 핏물을 제거하고 후추를 뿌린다. 양파 된장 베이스가 든 팬에 돼지고기를 넣고 자주 저어가며 골고루 익을 때까지 약 1분간 볶는다. 센불로 올리고 양배추와 애호박을 넣는다. 골고루 뒤적인 후 5분 더 볶는다. 채소가 팬 바닥에 눌어붙는다면 물 한두 큰술을 넣고 바닥을 살살 긁으면서 볶는다.
작은 볼에 옥수수전분과 물 100ml를 섞어 전분물을 만든다. 짜장 소스가 끓기 시작하면 팬에 전분물을 붓고 중불로 줄인다. 짜장 소스가 걸쭉해질 때까지 1~2분간 잘 저어가며 끓이고 불에서 내린다.

3   **토핑과 면 준비하기:** 큰 솥에 물 4L와 소금을 넉넉히 넣고 센불로 끓인다. 그동안 작은 팬을 센불에 올리고 기름을 두른다. 노른자가 터지지 않도록 조심하며 달걀 하나를 깨뜨려 넣는다. 팬 손잡이를 잡고 한쪽으로 기울인 채로 달걀에 기름을 끼얹어 가며 흰자가 바삭하게 튀겨지

듯이 익고, 노른자도 겉은 살짝 익었지만 속은 반숙 상태를 유지하도록 약 1분간 가열한다. 키친타월을 깔아 둔 접시에 옮겨 기름기를 빼고 남은 달걀도 똑같은 방식으로 익힌다.

끓는 물에 면을 넣고 면이 서로 달라붙지 않도록 풀어주면서 포장지에 제시된 시간(보통 7~8분 소요)만큼 삶는다. 면을 체에 건져내 흐르는 찬물에 씻어 전분기를 제거한다. 체에 받쳐 물기를 뺀다.

4 짜장 소스에 면을 넣고 버무린 후 센불로 1~2분간 빠르게 재빨리 볶아 뜨겁게 데운다.

5 그릇 두 개에 짜장면을 나눠 담고 각각 달걀프라이를 올린다.

홍합 된장국

2인분

홍합 200g

멸치육수(50p, 본 페이지의 NOTE 확인) 2컵(480ml)

블렌디드 된장(53p 참고) 1큰술 (20g)

편으로 썬 마늘 2알(15g)

대파 1/3대, 흰 부분만 곱게 다져서 준비(15g)

눌러 담은 신선한 시금치 4컵 (150g), 다듬어서 준비(150g)

얇게 썬 작은 청양고추나 할라페뇨 1/2개(5g)

얇게 썬 작은 홍고추 1/2개(5g)

곁들일 쌀밥 2컵(400g)이나 프렌치 바게트 또는 사워도우 빵

한국에서 가장 좋은 시금치는 경상북도 포항시에서 재배된다. 바닷바람을 맞고 자란 시금치인 포항초에서는 달콤한 맛이 나서 된장국으로 끓이면 특히 맛이 좋다. 하지만 일반 시금치를 쓴다고 해도 홍합 된장국은 충분히 맛있을 것이다. 홍합 된장국은 굉장히 한국적인 요리지만 프랑스의 전통 음식인 프로방스식 홍합 스튜와 비슷한 느낌이다. 된장은 토마토처럼 국물에 깊은 맛을 내주고, 고추는 칼칼한 맛을 담당한다. 한국에서는 홍합과 시금치가 제철인 겨울에 만들어 먹지만, 진하고 부담스러운 국물 요리가 아니라 어느 계절에 먹어도 잘 어울린다.

NOTE 멸치육수 대신 물을 사용한다면 블렌디드 된장 2작은술을 추가한다.

How to Make

1 홍합을 깨끗이 씻으면서 입을 벌리고 있는 홍합은 버린다. 수염은 껍데기의 뾰족한 쪽으로 잡아당겨서 제거한다.

2 작은 육수 냄비에 멸치육수를 붓고 된장을 넣어 잘 풀어준다. 홍합과 마늘을 넣고 센불로 끓인다. 홍합이 입을 벌릴 때까지 약 10분간 끓인 후 약불로 줄인다. 육수에 깊은 맛을 더하기 위해 대파를 넣고, 이따금 표면에 떠오르는 거품과 불순물을 제거하며 5분간 더 끓인다. 홍합만 따로 건져내고 입을 벌리지 않은 홍합은 버린다.

3 시금치, 청양고추, 홍고추를 넣고 시금치의 숨이 죽을 때까지 1~2분간 끓인다. 불에서 내리고 냄비에 홍합을 다시 넣은 다음 시금치와 홍합을 잘 섞어준다. 쌀밥과 함께 즐긴다.

강된장 비빔밥

2인분

강된장 재료

멸치육수(50p 참고) 1컵(240ml)

블렌디드 된장(53p 참고) 2½큰술 (40g)

고추장 1½작은술(10g)

옥수수전분 1½작은술(6g)

식용유 1큰술과 1작은술(20g)

얇게 썬 소고기 목심 100g

껍질 제거 후 깍둑 썬 무 1/2컵 (50g)

깍둑 썬 양파 1/4개(50g)

깍둑 썬 애호박 1/4개(60g)

밑동 제거 후 깍둑 썬 표고버섯 3개(30g)

얇게 어슷 썬 홍고추 1개(10g)

얇게 어슷 썬 초록색 청양고추나 할라페뇨 1개(10g)

쪽파 1/3대, 흰 부분만 곱게 썰어서 준비(5g)

곱게 다진 마늘 1알(5g)

마무리 재료

쌀밥 2컵(400g)

5cm 크기로 자른 양상추 잎 2장 (20g)

5cm 크기로 자른 깻잎 12장(10g)

얇게 썬 레드 래디시 1개(16g)

마무리용 참기름 1/2작은술(3g)

장식용 통깨 1꼬집

비빔밥은 흔히 각종 채소를 밥과 함께 섞어 먹는 요리지만, 강된장 비빔밥은 소스 자체가 주된 재료다. '강'은 되직하다는 의미인데, 이 요리에서 된장은 충분히 졸여져 무엇보다 빛나는 주인공이 된다. 넉넉히 일주일은 보관할 수 있으므로 바빠서 요리할 시간이 없을 때 이 강된장만 미리 만들어 두면 평일 저녁에 완벽한 반찬이 될 것이다. 강된장 비빔밥을 다른 스타일로 풀어낸 요리가 궁금하다면 이 책의 그리스식 보리 샐러드와 된장 비네그렛 드레싱(116p)을 참고하면 좋다.

How to Make

1 **강된장 만들기:** 작은 볼에 멸치육수, 된장, 고추장을 넣고 잘 섞는다.
   다른 작은 볼에 옥수수전분, 물 1큰술과 1작은술을 넣고 섞어 전분물을 만든다.
   커다란 냄비를 중불에 올려 달군 후 기름을 두른다. 소고기를 넣고 1분 가량 볶고 무와 양파를 넣고 꾸준히 저어가며 2분 더 볶는다. 애호박과 버섯을 넣고 2분간 볶는다. 육수 혼합물을 조금씩 부으면서 냄비 바닥에 눌어붙은 채소와 고기를 긁어가며 채소들이 잘 익을 때까지 볶는다. 홍고추, 청양고추, 대파, 마늘을 넣고 1분 더 끓인다. 끓이면서 너무 졸아들었다면 중간에 물 한두 큰술을 추가한다. 전분물을 붓고 잘 섞어 한소끔 끓인 다음 불에서 내린다.

2 강된장을 쌀밥, 양상추, 깻잎, 래디시와 함께 담아 즉시 식탁에 낸다. 참기름과 통깨를 뿌려 마무리한다.

쌈장 카치오 에 페페

2~3인분

소금 1큰술과 1작은술(26g)

카사레체나 펜네 같은 파스타
180g

엑스트라 버진 올리브유

닭육수(50p 참고 또는 시판 제품 사용)
2¼컵(540ml)

생크림 2/3컵(150ml)

쌈장(53p 참고) 2큰술(45g)

페코리노 치즈 간 것 40g

깍둑 썬 무염버터 1큰술과
1작은술(24g)

즉석에서 간 흑후추

많은 사랑을 받는 파스타 흑후추와 치즈로 만든 이탈리아 파스타 카치오 에 페페 cacio e pepe에 한국의 쌈장을 더해 보았다. 이 파스타를 쌈장 없이 맛보고, 쌈장을 추가해서 맛본 후 비교해 보니, 카치오 에 페페 특유의 풍부한 맛과 크리미한 질감에 쌈장의 감칠맛이 너무나 잘 어우러진다.

How to Make

1   커다란 솥에 물 2L와 소금을 넣고 센불로 끓인다. 파스타를 넣고 포장지에 제시된 시간보다 3분 덜 삶아 알 덴테(al dente, 파스타나 리소토가 씹는 맛이 느껴질 정도로 알맞게 조리된 상태) 상태로 준비한다. 체로 걸러내고 올리브유로 버무린 후 상온에서 식힌다.

2   바닥이 넓은 팬에 닭육수, 생크림, 쌈장을 넣고 잘 섞은 후 중강불에 올려 끓인다. 끓어오르면 약불로 줄이고 삶은 파스타를 넣은 뒤 계속 저으면서 소스가 되직해질 때까지 7~8분간 끓인다.

3   페코리노 치즈와 버터를 넣고 저으면서 녹을 때까지 끓인다. 파스타를 그릇에 담은 후 후추를 넉넉히 갈아 올려 마무리한다.

생선찜과 된장 베어네이즈 소스

2인분

껍질을 벗긴 알감자 150g
소금 2½작은술(18g)
멸치육수(50p 참고) 1/2컵(120ml)
화이트와인 식초 1/4컵(60ml)
굵게 다진 마늘 1알(5g)
달걀노른자 2개
깍둑썰기한 무염버터 7큰술(100g),
상온 상태로 준비
블렌디드 된장(53p 참고) 2큰술
(40g)
참기름 2¼작은술(12g)
곱게 다진 생파슬리 1큰술(4g)
300g짜리 은대구 살코기 2조각
(2.5~4cm 두께)
굵은소금 1/2작은술(3g)
신선한 처빌 1큰술(4g)

쌈장 카치오 에 페페(130p)와 마찬가지로 이 레시피도 장의 역할이 돋보이는 요리다. 또한 유제품, 특히 버터와 장의 완벽한 조화를 보여주는 요리이기도 하다. 베어네이즈 소스는 화이트와인에 달걀노른자, 버터가 들어가는 소스로 버터의 고소한 풍미에 약간의 산미가 더해져 생선과 잘 어울리지만 너무 진하고 무거워서 때론 섬세한 식재료에는 곁들이기 망설여질 때가 있다. 이때 생선육수를 넣어 소스를 약간 희석하고, 버터의 진한 맛을 된장의 감칠맛으로 중화시키면 찐 생선이 지닌 그 자체의 맛을 돋보이게 해준다. 은대구가 없다면 농어나 넙치 등 지방이 풍부한 흰살 생선을 사용하면 된다.

How to Make

1 물을 채운 커다란 냄비에 감자와 소금을 넣고 센불로 끓인다. 끓어오르면 약불로 줄이고 감자가 잘 익을 때까지 10~15분가량 삶는다. 감자를 건져내고 상온에서 식힌다.

2 감자가 익는 동안 작은 냄비에 멸치육수, 화이트와인 식초, 마늘을 넣고 부피가 절반으로 줄어들 때까지 센불에서 5분 정도 끓인 후 액체만 체에 거르고 내열용기에 담아 식힌다.

3 중간 크기 냄비에 물을 붓고 센불에 올려 끓이다가 불을 줄이고 약하게 끓는 상태를 유지한다. 냄비보다 조금 큰 사이즈의 볼에 졸인 식초 혼합물과 달걀노른자를 넣고 끓는 물이 든 냄비 위에 올려 중탕한다. 버터를 조금씩 넣어가며 거품기로 섞어 잘 유화시킨다. 너무 뜨거우면 노른자가 익고 버터가 분리될 수 있으니 볼을 냄비 위에서 빼고 다시 올려주기를 반복하며 잘 섞어준다. 된장과 참기름을 넣고 혼합물이 완전히 유화될 때까지 거품기로 섞는다. 원한다면 된장 베어네이즈를 체에 거르고 파슬리 절반 분량을 넣는다. 소스를 따뜻하게 유지한다.

4 생선 살코기에 굵은 소금으로 간을 한다. 찜기에 물을 넣고 센불로 가열한다. 물이 끓으면 찜기에 생선을 올리고 두께에 따라 상태를 보면서 12~15분간 쪄낸 후 찜기에서 꺼내 3분간 레스팅한다. 그동안 삶은 알감자를 찜기에 넣고 3분간 데운다.

5 접시 두 개에 된장 베어네이즈 소스를 나눠 담고 그 위에 알감자와 생선찜을 나눠 올린다. 남은 파슬리와 처빌로 장식한다.

된장 케이퍼 소스를 곁들인 서대구이

2인분

된장 케이퍼 소스 재료

식용유 2큰술(20g)

참기름 2큰술(20g)

굵게 다진 마늘 6알(30g)

곱게 다진 케이퍼 1큰술(10g)

한식된장 1큰술(20g)

서대구이 재료

껍질을 제거하지 않은 서대 필렛
2조각(총 300g)

소금 1/2작은술(2.5g)

즉석에서 간 백후추 1/2작은술
(1.8g)

중력분 2큰술(28g)

레몬 2개, 반 갈라서 준비

식용유 1큰술과 1작은술(20g)

시금치 2컵(100g)

곱게 다진 생파슬리 1작은술(2g)

생선에 밀가루를 묻혀 바삭하고 황금빛이 돌 때까지 버터에 튀기듯이 굽는 뫼니에르meunière는 보기에도 너무 근사하고 맛도 정말 좋은 생선 요리이다. 버터로 굽는 뫼니에르는 전통적인 한국 요리에서 생선을 조리하는 방식과는 조금 다르지만 이 요리는 장이 얼마나 폭넓고 효과적으로 사용될 수 있는지, 그리고 서양의 맛과 얼마나 조화롭게 어울리는지를 보여준다. 전통적인 프랑스 소스인 뫼니에르 소스에는 앤초비와 브라운 버터가 들어가는데, 이 요리에서는 앤초비를 된장이 대신하고, 브라운 버터가 주는 고소한 견과류 맛을 참기름이 대신한다. 이 소스는 가리비에도 잘 어울리고 넙치, 가자미, 대구 등 담백한 흰살생선이라면 두루 어울린다. 뿐만 아니라 콜리플라워, 아스파라거스, 순무, 브로콜리니 등 단단한 채소에 곁들이면 훌륭한 비건요리가 된다.

How to Make

1   **소스 만들기:** 작은 소스팬을 중불에 올리고 식용유와 참기름을 두른다. 마늘을 넣고 살짝 갈색빛이 돌 때까지 3분가량 볶는다. 케이퍼와 한식된장을 넣고 골고루 섞은 후 불에서 내린다.

2   **서대 굽기:** 생선 필렛에 소금과 백후추로 간한 다음 중력분을 골고루 뿌린다. 커다란 무쇠팬을 중불로 가열한 후 레몬을 자른 면이 아래로 향하도록 해 진한 갈색이 될 때까지 1분가량 구운 후 빼둔다.
무쇠팬에 기름을 둘러 달군 후 껍질 붙은 쪽이 아래로 향하도록 올리고 그대로 4~5분간 굽는다. 살코기의 가장자리가 불투명해지면 뒤집고 이어서 된장 케이퍼 소스를 팬에 붓는다. 소스를 끼얹어 가며 1~2분간 더 굽고 트레이에 올려 레스팅한다. 이때 생선은 80~90% 익은 상태지만 레스팅하면서 완전히 익는다.

3   팬에 시금치를 넣고 숨이 죽을 때까지 약 1분간 익힌다. 불에서 내린다.

4   접시 두 개에 시금치를 똑같이 나눠 담고 생선도 한 조각씩 올린다. 팬에 남아 있는 된장 케이퍼 소스를 생선 위에 끼얹고 그 위에 파슬리를 뿌린다. 구운 레몬의 즙을 짜서 마무리한다.

바비큐 치킨과 된장 리소토

2인분

생찹쌀 1컵(185g)

뼈와 껍질이 붙어 있는 닭가슴살
2덩이(총 300g)

바비큐 된장(54p 참고) 3½큰술
(60g)

식용유 1큰술(15g)

으깬 마늘 2알(10g)

닭육수(50p 참고 또는 시판 제품 사용)
1컵(240ml)

생크림 1/3컵(80ml)

블렌디드 된장(53p 참고) 1큰술
(20g)

파르미지아노 레지아노 치즈 곱게
간 것 1/3컵(30g)

무염버터 1½큰술(20g)

즉석에서 간 흑후추

이탈리아 요리인 리소토는 쌀을 사용한 요리이기 때문에 서양 요리 중에서도 한국인에게 익숙한 메뉴 중 하나다. 밍글스를 처음 열었을 때 서양인과 한국인 모두의 입맛에도 익숙한 리소토를 만들기 위해 밤낮으로 고민했다. 그러다가 막걸리나 식초를 만들 때 주로 사용하는 고두밥에서 해결책을 찾았다. 고두밥은 물에 불린 쌀을 쪄서 만드는데, 이 리소토에는 찹쌀을 사용한 고두밥을 이용해 찹쌀의 쫀득한 식감을 그대로 살렸다. 여기에 크림이나 치즈, 버터 같은 유제품과 워낙 잘 어울리는 된장을 더하면 더욱 깊은 맛의 리소토가 완성된다. 특히 추운 날에 먹으면 몸과 마음을 녹여 주는 요리다.

더욱 든든하게 즐길 수 있도록 닭가슴살을 바비큐 된장에 재운 다음 양념을 발라 구워 리소토에 곁들여 봤다. 쉽고 간단하지만 놀랍도록 맛있다.

How to Make

1 찹쌀에 물을 넉넉히 붓고 하룻밤 불린다. 아침이 되면 찹쌀이 든 물을 걸러내고 적신 면 보자기 위에 찹쌀을 올려 펼친다. 여러 단으로 된 찜기 바닥에 물을 붓고 끓인다. 가장 윗단에 찹쌀이 든 면 보자기를 걸쳐 올린 다음 찹쌀이 반투명해지고 잘 익을 때까지 30분간 찐다. 찐 찹쌀을 쟁반에 펼치고 상온에서 식힌다.

2 그동안 통에 닭가슴살과 바비큐 된장을 넣고 닭가슴살에 된장을 골고루 묻힌다. 뚜껑을 닫고 냉장고에 넣어 30~40분간 재운다.

3 무쇠팬을 중불에 올리고 기름을 두른 후 반짝일 때까지 가열한다. 마늘을 넣고 노릇노릇해질 때까지 몇 분간 볶는다. 닭가슴살을 껍질이 아래로 향하도록 올리고 약불로 줄인다. 된장이 타지 않도록 자주 뒤집어가며 겉은 노릇노릇하고 안은 불투명해질 때까지 12~15분간 굽는다. 팬에서 꺼내 레스팅한다.

4 레스팅하는 동안 사용하던 무쇠팬에 육수, 생크림, 찐 찹쌀 1½컵(280g), 혼합된장을 넣고 중불에 올려 끓인다. 찹쌀이 바닥에 눌어붙지 않도록 끊임없이 저으면서 찹쌀에 크림이 완전히 흡수될 때까지 5~7분간 끓인다. 불에서 내린 다음 치즈와 버터를 넣고 완전히 녹아들도록 섞는다. 후추를 넉넉히 갈아 넣는다.

5   접시 두 개에 리소토를 똑같이 나눠 담는다. 닭가슴살을 한입 크기로
       썰고 리소토 위에 올려 마무리한다.

삼겹살 수육과 무생채

2~3인분

삼겹살 삶는 재료

삼겹살 300g
양조된장 1/3컵(100g)
큼직하게 썬 대파 1대(120g)
큼직하게 썬 양파 1/3개(80g)
간 마늘 6알(30g)
통흑후추 10알
월계수 잎 1장

배추 절이는 재료

소금 1큰술(20g)
배추 속잎 12장(435g)

간단한 무생채 재료

껍질을 벗긴 후 가늘게 채 썬
무 1컵(100g)
소금 1/4작은술(1.5g)
설탕 1작은술(5g)
현미식초 1작은술(5g)
참기름 1작은술(4g)
한식간장 1/2작은술(4g)
굵은 고춧가루 1/2작은술(2g)
굵게 간 참깨 1/2작은술(2g)

상차림 재료

새우젓 1작은술(선택)
편으로 썬 마늘 2알(10g)
쌈장(53p 참고) 1큰술(20g)
참기름 1작은술(3g)

늦가을이나 초겨울이 되면 저마다 집에 모여 김장을 했던 기억이 있다. 몸은 힘들지만 김장을 마치고 나면 마음이 든든해진다. 김장은 한 해 동안 먹을 김치를 저장해 놓는다는 점에서도 중요하지만, 전통적으로 공동체의 유대감을 강화하는 문화였다. 김치는 보통 다음 해 김장철이 돌아올 때까지 천천히 익혀 먹지만, 그날 저녁 다 같이 수고했다는 의미로 수육과 함께 갓 담근 김치를 먹었다.

수육은 물에 익힌 고기를 뜻하므로 엄밀히 따지면 어떤 고기로든 수육을 만들 수 있다. 하지만 지방과 살코기의 비율이 적당해 육수 안에서 부드럽고 촉촉하게 익는 삼겹살이 맛도 좋고 가장 많이 쓰이는 재료가 되었다.

김장철이 아닐 때도 수육을 먹고 싶어지면 김치만큼이나 완벽한 궁합을 자랑하는 무생채를 곁들인다. 무생채의 새콤하고 아삭한 맛이 자칫 기름질 수 있는 삼겹살 맛을 절묘하게 잡아주기 때문이다. 거기에 절임배추와 달콤짭짤한 쌈장을 살짝 곁들이면 맛의 정점을 찍는다.

How to Make

1 **삼겹살 삶기:** 삼겹살을 찬물에 깨끗이 씻은 다음 키친타월로 물기를 잘 닦는다.
중간 크기 냄비에 물 4¼컵(1L)을 붓고 양조된장을 풀어준다. 대파, 양파, 마늘, 통후추, 월계수 잎, 삼겹살을 넣고 센불에 올려 끓인다. 10~15분간 끓이다가 뚜껑을 덮고 약불로 줄여 고기가 푹 익을 때까지 1시간 동안 뭉근히 끓인다. 젓가락으로 찔렀을 때 핏물이 나오지 않으면 잘 익은 것이다.

2 **고기 삶는 동안 배추 절이기:** 커다란 볼에 물 2컵(480ml)과 소금을 넣고 섞는다. 이어서 배추 잎을 담그고 30분간 절인 후 흐르는 물에 씻어 소금기를 제거한다. 절여진 배추를 꽉 짜서 수분을 최대한 제거한다.

3 **간단한 무생채 만들기:** 작은 볼에 무와 소금을 넣고 버무린다. 30분간 절인 후 흐르는 물에 씻어 소금기를 제거한다. 무를 꽉 짜서 수분을 최대한 제거한다.
중간 크기 볼에 설탕, 식초, 참기름, 간장, 고춧가루, 참깨를 넣고 골고루 섞은 후 무를 넣고 살살 버무린다.

4   삼겹살이 다 익었으면 건져낸 뒤 손으로 만질 수 있을 만큼 10분 정도 식힌 다음 0.75cm 두께로 썬다.

5   큰 접시에 삼겹살, 무생채, 절인 배추를 담는다. 편으로 썬 마늘을 따로 담고 원한다면 새우젓도 곁들인다. 쌈장에 참기름을 뿌려 같이 낸다.

된장 양갈비 바비큐

2인분

양갈비와 구운 채소 재료

양갈비 500g, 오븐 사용 시
뼈 2개씩 커팅, 그릴 사용 시
뼈 1개씩 커팅

바비큐 된장(54p 참고) 1/3컵(90g)

식용유 2큰술(20g)

으깬 마늘 1알(5g)

타임 2줄기(0.8g)

브로콜리 1/3개, 송이 부분을
한입 크기로 잘라서 준비(100g)

양송이버섯 4개, 세척 후 밑동
제거해서 준비(90g)

작은 고구마 1개, 깨끗하게 씻고
세로로 반 갈라 준비(125g)

엑스트라 버진 올리브유 2큰술
(20g)

소금 한 꼬집

즉석에서 간 흑후추

쿠스쿠스 샐러드 재료

닭육수(50p 참고 또는 시판 제품 사용)
1컵(240ml) 또는 채수 1컵(240ml)
(66p 두부 엔다이브 샐러드와 참깨 간장
드레싱 레시피 참조)

조리하지 않은 쿠스쿠스 1컵(150g)

한식간장 2작은술(10g)

엑스트라 버진 올리브유 2작은술
(10g)

레몬 1/2개 분량의 제스트(3g)

다진 생파슬리 1/4컵(3g)

한식에서는 양고기를 찾아보기 어렵다. 농경 문화인 우리나라에서는 양을 잘 기르지 않았기 때문이다. 그리고 양고기에서는 냄새가 난다는 인식이 있는데, 한국인들은 누린내에 민감한 편이기 때문에 최근에야 양고기가 인기를 끌게 되었다. 나는 20대 초반에 서울에 있는 이탈리아 와인바 겸 레스토랑 뱅상에서 요리사로 일했을 때 처음으로 양고기를 접했는데, 양고기를 맛보자마자 그 맛에 빠져들었다.

어린 양고기에 된장을 발라 구우면 양고기 특유의 풍미와 완벽하게 조화를 이룬다. 거기에 양고기가 구워지면서 일어나는 마이야르 반응으로 감칠맛과 달짝지근한 맛까지 더해지면서, 된장 양갈비 바비큐는 우리나라 사람들이 사랑하는 삼겹살이나 갈비만큼이나 훌륭한 맛을 뽐낸다.

How to Make

1   **양갈비와 채소 준비하기:** 커다란 용기에 양갈비를 넣고 바비큐 된장을 골고루 바른다. 기름, 마늘, 타임을 넣고 뚜껑을 닫은 다음 냉장고에서 최소 2시간에서 하룻밤, 또는 상온에서 2시간 재운다.
그동안 커다란 볼에 브로콜리, 버섯, 고구마를 넣고 올리브유, 소금, 후추로 버무린다.
고기를 냉장고에서 꺼내고, 굽기 전에 30분~1시간 동안 상온에 둬서 냉기를 뺀다. 그동안 그릴을 높은 온도로 예열한다.

2 달궈진 그릴에 양고기와 고구마를 올린다. 된장이 타지 않도록 자주 뒤집어가며 양고기의 모든 면이 골고루 익고, 고기 내부 온도가 60~63℃가 될 때까지 15~20분간 굽는다. 양고기와 고구마를 그릴에서 꺼내 레스팅한다. 그릴 가장자리에 버섯과 브로콜리를 올리고 살짝 그을릴 때까지 5분간 굽는다.

3 **쿠스쿠스 샐러드 만들기:** 냄비에 닭육수나 채수를 붓고 센불로 끓인다. 큰 내열용기에 쿠스쿠스와 끓인 육수를 넣고 뚜껑을 닫아 10분간 불린다. 뚜껑을 연 후 간장, 올리브유, 레몬 제스트를 넣고 섞는다. 파슬리를 흩뿌린다.

4 양갈비와 구운 채소를 접시에 올리고 볼에 쿠스쿠스 샐러드를 담아 함께 낸다.

아몬드 된장 크루아상

4인분

된장 아몬드 크림 재료

달걀 1개(48g)

소금 1/4작은술(1g)

다크 럼 1½큰술(옵션)

깍둑썰기한 무염버터 5큰술(80g),
상온 상태로 준비

양조된장 1큰술(20g)

아몬드 가루 1컵(80g)

슈거파우더 2/3컵(80g), 장식용
별도

옥수수전분 1/4작은술(2g)

크루아상 4개

아몬드 슬라이스 5큰술(40g)

서울은 아침에 먹기 좋은 빵과 페이스트리가 발달한 도시다. 강남에서는 골목골목마다 전문가가 완벽한 모양으로 구워낸 크루아상을 쉽게 접할 수 있다. 하지만 이런 전문 디저트의 세계에서 된장을 사용하는 경우는 드물다. 된장은 한식의 대표적인 식재료이지만 한식에만 갇혀 있을 필요는 없다. 우리는 이제 유제품과 장이 조화롭게 어울린다는 사실을 안다.

달콤짭짤하고 진하면서도 부드러운 된장이 버터 풍미가 가득한 갓 구운 크루아상과 만나면 잊지 못할 맛을 선사한다. 이 레시피는 시판 크루아상으로 만들 수 있으므로 굳이 페이스트리 반죽을 겹겹이 접어 크루아상을 만드는 수고가 필요하지 않다.

How to Make

1 오븐을 180℃로 예열한다.

2 **된장 아몬드 크림 만들기:** 커다란 볼에 달걀, 소금, 그리고 럼(옵션)을 넣고 거품기로 섞는다. 버터를 조금씩 나눠 넣으며 섞는다. 버터가 다 섞이면 된장을 넣어 골고루 섞는다.
다른 볼에 아몬드 가루, 슈거파우더, 옥수수전분을 체 쳐 넣는다. 달걀 혼합물에 가루 재료를 넣고 매끈해질 때까지 거품기로 섞는다.

3 오븐 팬에 크루아상을 놓고, 그 위에 아몬드 크림을 올려 윗면에 골고루 펴 바른 후 아몬드 슬라이스를 골고루 뿌린다. 예열한 오븐에 넣고 10~12분간 굽는다. 살짝 식힌 후 먹기 직전에 슈거파우더를 뿌린다.

된장 바닐라 크렘 브륄레

4인분

생크림 1컵(240ml)
우유 3큰술(45ml)
달걀노른자 3개(50g)
설탕 1/4컵(50g)과 마무리용
1½큰술(30g)
양조된장 2작은술(10g)
바닐라빈 1/2개, 길게 반 갈라
씨를 긁어서 준비

밍글스를 개업했을 때 주방에는 별도로 디저트를 만들 공간도 디저트 세프도 없었기에 메뉴에 넣을 디저트를 만드는 일은 내 몫이었다. 당시에도 그렇고 지금도 마찬가지지만, 나는 단맛 위주의 디저트보다는 요리에 사용되는 재료를 활용해 세이버리 디저트를 만들기를 즐긴다. 조화롭게 구성된 코스 요리를 먹다가 너무 단조로운 단맛의 디저트로 식사를 마무리한다는 것이 개인적으로 조금 아쉽기 때문이다. 된장 바닐라 크렘 브륄레는 간장 그래놀라(101p 참고), 고추장 튀밥, 바닐라 아이스크림 한 스쿱과 함께 밍글스의 시그니처 디저트인 '장 트리오'가 된다. 단맛이 강하게 느껴질 수 있는 크렘 브륄레의 맛을 된장의 미묘하면서도 매력적인 짠맛이 균형 있게 잡아준다.

How to Make

1   오븐을 165℃로 예열한다.

2   작은 냄비에 생크림과 우유를 붓는다. 중불에 올리고 저으면서 60℃가 될 때까지 데운다. 불에서 내리고 상온에서 식힌다.

3   중간 크기의 볼에 노른자와 설탕 1/4컵(50g)을 넣고 거품기로 골고루 섞는다. 동시에 식힌 크림을 천천히 붓고, 아이보리색을 띨 때까지 꾸준히 섞는다. 된장을 조금씩 넣고 이어서 바닐라빈을 넣는다. 균일한 질감을 내기 위해 체에 거른다. 이때 바닐라빈이 걸러지지 않도록 너무 곱지 않은 체를 사용한다.

4   오븐 사용이 가능한 라메킨 4개에 혼합물을 나눠 붓는다. 베이킹 디쉬 안에 라메킨을 올리고, 라메킨 높이의 절반쯤 오도록 뜨거운 물을 베이킹 디쉬에 붓는다. 오븐에 넣어 크렘 브륄레가 굳을 때까지 50분간 굽는다. 오븐에서 꺼낸 라메킨을 냉장고에 넣어 식힌다.

5   크렘 브륄레 윗면에 설탕 1½큰술을 골고루 나눠서 뿌린다. 토치를 사용하거나 오븐 맨 윗단에 넣어 윗면이 얇고 바삭하면서 갈색이 될 때까지 구워준다. 완성되는 즉시 식탁에 낸다.

브리치즈와 된장 콩포트

2인분

호두 1/4컵(20g)

껍질 제거한 피스타치오 2작은술
(10g)

브라질넛 2알(7g)

건크랜베리 1/4컵(30g)

블렌디드 된장(53p 참고) 1½작은술
(10g)

럼 또는 코냑 또는 크랜베리 주스
1큰술(15g)

꿀 1작은술(5g)

동그란 브리치즈 1개(125g)

곁들일 호밀빵 칩

누가 내게 브리치즈를 맛있게 먹는 방법에 대해 묻는다면 나는 두 가지 방법을 제안한다. 첫째는 치즈가 더욱 부드러워지도록 오븐에 굽는 방법이다. 둘째는 크랜베리와 구운 견과류, 고소함과 감칠맛을 더하는 된장을 넣어 만든 된장 콩포트와 함께 먹는 방법이다. 136p에 소개된 된장 리소토와 마찬가지로, 발효된 유제품과 장이 만나면 마법 같은 일이 벌어진다. 반으로 가른 브리치즈 위에 올리거나 간단하게 크래커에 바르면 위스키나 와인 한 잔을 곁들이기에도 좋다. 로스트 치킨처럼 풍성한 맛이 나는 요리와도 완벽한 궁합을 자랑해 한번 만들어 두면 유용하게 쓰일 것이다.

How to Make

1   오븐을 180℃로 예열한다.

2   오븐 팬에 호두, 피스타치오, 브라질넛을 넓게 펼치고 오븐에 넣어 살짝 색이 날 때까지 2분간 가볍게 굽는다. 오븐은 그대로 켜두고, 견과류를 꺼낸다. 구운 견과류를 살짝 식혔다가 크랜베리와 함께 잘게 다진다.

3   작은 볼에 블렌디드 된장, 럼, 꿀을 넣고 섞은 후 다진 견과류와 크랜베리를 넣고 다시 섞는다.

4   브리치즈를 수평으로 반 가르고, 유산지를 깐 오븐 팬 위에 자른 단면이 위로 향하도록 올린다. 자른 브리치즈 위에 콩포트를 나눠 올린 후 브리치즈가 살짝 녹을 때까지 12분간 굽는다. 호밀빵칩을 곁들여 낸다.

TIP 녹인 브리치즈를 좋아하지 않는다면 굽는 단계를 생략해도 좋다. 원한다면 위에 견과류를 추가로 뿌린다.

맥꾸룸

1980년대 초반 권혜나 씨가 어렸을 때 어머니 성명례 씨와 아버지 권중수 씨는 대한민국 남동부에 있는 시골 마을 청송군에서 된장 사업을 시작하려 했다. 어린 딸은 부모님이 자갈을 흩뿌리고, 커다란 장독대를 들이는 모습, 비바람과 추위로부터 장독을 보호하기 위해 비닐 하우스를 짓는 모습을 보았다. 당시 사업을 시작하기 위해 온 가족이 고된 노동을 감내해야 했다. 그 당시에는 대부분의 한국의 가정에서는 장을 직접 만들어 먹었다. '우리 장을 사 먹는 사람은 없을 거야.' 어린 혜나 씨는 생각했다. '사람들은 본인의 집에서 직접 만든 장이 더 맛있다고 생각할 게 틀림없어.'

어머니 성명례 씨에게는 딸이 잘 모르는 비장의 무기가 하나 있었다. 시어머니이자 혜나 씨의 할머니인 김말임 씨가 장 만들기의 대가였던 것이다. 1980년대에 이미 일흔이었던 김말임 씨는 양반 가문의 며느리였고, 여느 할머니의 소박한 전통 장 대신 부유한 반가의 전통 장을 만드는 법을 알고 있었다. 반가의 장 담그기 기술 중 하나인 겹장은 지금은 거의 쓰이지 않는 방식으로, 간장과 분리한 된장에 새로 만든 메주를 더해 된장 맛을 한층 끌어올리는 방법이다. 희소성과 역사가 있는 전통인 동시에 부유한 집안에서만 만들 수 있었던 겹장은 추가적인 재료가 필요한 만큼 남달리 깊고 맛 좋은 된장을 얻을 수 있다. 간장과 된장 중 간장 맛을 우선시하면, 간장이 진해질수록 된장 맛은 떨어지기 마련이다. 하지만 겹장 방식은 어느 한쪽의 맛을 포기하지 않고 간장과 된장 모두 진한 맛을 낼 수 있다.

어려서부터 반가의 장맛을 본 김말임 씨는 젊은 시절에 열정적으로 장을 담갔다. 직접 담근 장을 판매하지는 않았지만, 1981년에는 뒷마당에 장독 개수가 24개나 될 정도로 많은 장을 담갔다. 가족끼리 먹으려고 담그는 장을 아들과 며느리가 사업으로 키우기로 했을 때 뒷마당의 장독은 장 사업에서 가장 큰 자산이었고, 겹장 기술은 새로운 사업의 뼈대가 되었다. 그 무렵 두 자식을 둔 부부는 회사명을 맥꾸룸이라고 부르기로 했다. 첫 글자 '맥'은 이어간다는 뜻을 가지고 있다. 사업 초기에 부부의 의도는 어머니 김말임 씨에게서 전수된 전통적인 장 담그기 기술에 경의를 표하는 것이었다. 그러나 딸 혜나 씨는 사업 초기에는 사업이 지지부진하며 부모님이 육체적으로나 감정적으로나 몹시 힘들어했다고 기억한다.

위스키 양조업자와 마찬가지로, 전통 방식으로 장을 담그는 명인은 시간을 들여 숙성을 거친 첫 제품을 시장에 내놓기까지 길고 긴 시간을 인내해야 한다. 식구들은 2년 동안 된장이 숙성되기를 기다렸다. 수고한 만큼의 결실을 이룰지 확신하지도 못한 채 자그마치 2년간 수입 없이 기다림으로 지내야 했다. 권혜나 씨는 어머니가 장독을 돌볼 때 할머니가 거들었던 모습을 기억한다. 할머니는 맥꾸룸이 반드시 국산 콩만 써야 하고, 이 지역에서 난 품질 좋은 대두를 쓰면 더 좋다고 강조했다. 겹장은 특히 노동력이 많이 들어간다. 간장과 된장을 분리하는 전통적인 과정이 끝나면 명인은 장의 깊은 맛을 적절히 되살리기 위해 새 메주를 부숴서 간장에 넣고 다시 발효한다. 맥꾸룸에서는 이 2차 발효 과정에 18개월을 들인다. 느린 과정이지만 시간이 흐를수록 더욱 많은 미생물이 자라나 깊은 맛을 더한다. 권혜나 씨는 부모님이 청송군의 작은 재래시장에서 된장을 팔던 모습을 기억한다. 맥꾸룸이 근방에서 아주 질 좋은 된장을 만든다는 소문이 서서히 퍼지기 시작했다. 1989년에 성명례 씨와 남편이 사업자 등록을 하며 맥꾸룸은 공식적으로 시작되었다.

오늘날 맥꾸룸은 장 생산자들에겐 천국이나 다름없는 모습으로 완만한 골짜기에 안락하게 자리 잡고 있다. 2018년 권혜나 씨 가족은 우아하고 전통 있는 한옥 한 채를 지었다. 기와와 하얀 벽과 소나무 구조물로 이루어진 한옥 주위에는 깨지거나 못 쓰는 장독을 뒤집어서 빙 둘러놓았다. 가운데에 뜰을 두고 주변으로 네모나게 짓는 추운 북부 지방의 한옥과 달리 여름에 시원한 공기가 방마다 통과할 수 있도록 니은(ㄴ) 모양으로 지은 한옥이었다. 권혜나 씨가 어머니, 아버지, 그녀의 딸과 함께 생활하는 한옥은 볕이 잘 드는 언덕에 자리 잡고 있다. 그 아래에는 2018년에 지은 현대적인 카페에 안내 데스크와 상점, 그리고 작은 주차장이 있다.

한옥 뒤로 조금만 걸어가면 방문자들의 출입이 제한된 생산 시설이 있다. 성명례 장인과 딸 권혜나를 포함 스무 명 남짓한 직원들이 그곳에서 함께 일한다. 원래 있던 장독 24개는 무려 3,200개 가까이로 늘어나 철저하게 온도를 관리하는 여덟 동의 비닐하우스에서 각각 관리된다. 맥꾸룸은 전통적인 장 담그기 방식을 끝까지 유지하면서도 시설을 끊임없이 확장했다. 지금은 최첨단 포장 설비, 진공 포장기, 메주 성형 기계, 엑스레이 감지기가 현대적인 공장 한켠을 차지하고 있다. 메주는 온도 컨트롤이 가능한 메주 전용 공간에서 숙성하고 있다. 가마솥은 증자 압력솥으로 대체했다. 하지만 장독대가 즐비한 공간을 보면 다시 과거로 돌아간 것만 같은 기분이 든다.

일흔다섯 살인 성명례 명인의 손에는 오히려 주름 하나 없는데, 본인은 이게 다 수년간 된장에 손을 담근 덕분이라고 말한다. 치마를 입은 장인은 긴 앞치마를 두르고 슬리퍼를 신고 있다. 최고의 명인이라는 타이틀을 여전히 쥐고 있지만, 이제는 딸 혜나 씨가 기술을 배워나가는 중이다. 대한민국의 대표적인 장 생산자인 맥꾸룸은 장 담그기가 여자들이 세대에 걸쳐 이어 나가는 전통임을 되새긴다. 이러한 전통의 계승은 보통 시어머니에서 며느리로, 또는 맥꾸룸처럼 어머니에서 딸로 이어진다.

전통적으로 가부장적인 한국 사회는 고부간의 특별한 관계가 형성되며, 며느리만 경험하는 어려운 상황들이 있었다. 기원전 6세기부터 시작된 유교 사상과 더불어 가족 형태에 뿌리 깊게 박혀 있는 사상에 따라 여자는 일단 결혼하면 시댁의 식구가 되고, 남자는 결혼하면 부모님 집의 가장이 된다. 장남에게만 해당하는 전통이라 차남부터는 결혼하면 근처에 집을 구해 나간다. 아들을 통해 가문이 이어지므로 아들은 태어나면서부터 큰 혜택이 주어지는 셈이다. 옛말에 '어머니는 자식에게 살을 남겨주고 아버지는 자식에게 뼈를 남겨준다'라는 말이 있다. 살보다 뼈가 오래 남으므로 집안의 남자들을 통해서만 가문의 대가 이어진다는 뜻이다. 물론 이러한 풍습을 통해 다양한 문제가 드러났고, 특히 요즘 사회에서는 그 문제가 훨씬 더 두드러지고 있다. 1958년에 가장을 둘러싼 역할을 금지하는 새로운 민법이 제정되면서 이러한 풍습은 법적으로 사그라들었지만, 여전히 한국 사회의 다양한 계층에 뿌리 깊게 남아 있다. 성명례

명인이 시어머니 김말임 씨에게 장 담그는 법을 배운 것도 바로 이런 전통 때문이다. 반면 변화하는 현대의 사회상을 통해 명인의 며느리가 아닌 딸 권혜나가 어머니의 뒤를 이어 맥꾸룸을 운영하는 이유를 알 수 있다.

세상의 변화를 따라가기에도 벅찬 현대 시대를 살아가는 우리가 과거에 당연하게 여겼던 풍습은 점점 사라지고 있다. 남자들은 더 이상 부모님 집에 얽매여 있지 않고, 여자들도 시댁에 들어가서 살지 않는다. 하지만 며느리들에게 물어본다면 시부모님과 관계를 형성하는 데 여전히 부담스럽다 말할 것이다. 한 세대 전만 해도 장 담그기는 주로 시어머니로부터 며느리에게 전수됐지만, 이제는 맥꾸룸처럼 어머니에게서 딸로 직접 전수되는 일이 흔해지는 것은 긍정적인 변화라고 볼 수 있다.

권혜나 씨는 장 담그는 일이 너무나 고되지만 보람된 이유는 선조에서부터 내려온 오랜 전통의 맥을 이어가는 모습을 보는 데 있다고 말한다. 청송의 양반가 집안의 장에서 시작했던 맥꾸룸은 오늘날 매해 된장 110톤, 간장 100톤, 고추장 25톤을 생산한다. 혜나 씨로 이어져 젊은 감성을 더한 맥꾸룸의 제품들은 세계 곳곳으로 수출되어 한국의 맛을 전하고 있다.

고추장

오이무침

2인분

6mm 두께로 썬 작은 오이 3개
(200g)

소금 1/2작은술(3g)

설탕 2작은술(10g)

현미식초 1½작은술(10g)

고추장 1¼작은술(10g)

굵은 고춧가루 1작은술(2g)

한식간장 1작은술(4g)

얇게 썬 양파 1/4개

장식용 참깨

'양념으로 버무려 식재료에 맛이 잘 배도록 한 음식'이라는 뜻을 가진 무침 요리에 가장 흔히 쓰이는 채소는 단연코 오이다. 짭짤하고, 매콤하고, 달콤한 맛이 어우러지고 상쾌함이 특징인 오이무침은 웬만한 한식과 대체로 잘 어울려 어디에나 곁들이기 좋다. 오이가 제철인 여름에 주로 즐기고 겨울에는 식감이 좋은 무로 대신할 수 있다. 무침은 또한 겉절이와 비슷한 맛이 나는 데다 두 채소 모두 양념이 잘 배어들고 아삭한 식감이 특징이라 김치처럼 먹을 수 있다.

How to Make

1   볼에 오이와 소금을 넣고 살살 버무린 다음 30분간 절인다. 절여진 오이를 물에 가볍게 씻어낸 후 보자기에 넣어 비틀어 짜거나 손으로 쥐어짜서 물기를 제거한다.

2   중간 크기 볼에 설탕, 식초, 고추장, 고춧가루, 간장을 넣고 잘 섞는다. 이어서 오이와 양파를 넣고 버무린다. 참깨를 뿌려 즉시 식탁에 낸다.

TIP 오이무침은 만들어서 바로 먹어야 가장 맛있지만 밀폐용기에 담아 냉장하면 2일간 보관할 수 있다

멸치볶음

4인분

2등분 또는 4등분한 호두 2/3컵
(60g)

마른 중멸치나 잔멸치 2컵(100g)

식용유 2큰술(20g)

다진 대파 1큰술(5g), 흰 부분만
곱게 다져서 준비

곱게 다진 마늘 1알(5g)

굵은 고춧가루 2작은술(5g)

소테 고추장(54p 참고) 3½큰술(60g)

꿀 1큰술(20g)

참깨 1/4작은술(2g)

반도 국가인 한국에서 건멸치나 건해산물은 한식에서 풍부한 감칠맛을 내는 주요 재료이다. 멸치는 수확한 후 찌고 말리는 과정을 거쳐 유통되는데, 육수(50p 참고)를 낼 때 자주 사용하고, 호두나 아몬드와 같은 견과류를 넣고 볶아내 반찬으로도 만든다. 요리하기 전에 대가리, 등뼈, 내장을 제거하고 바짝 말려서 멸치 비린내를 잡는 것이 중요하다. 멸치볶음은 맛뿐만 아니라 식감도 매력적인데, 반찬으로는 보기 드물게 바삭한 식감이 난다. 냉장고에 넣으면 1주간 보관할 수 있지만 요리해서 바로 먹을 때 가장 맛있다.

How to Make

1 오븐을 180℃로 예열한다.

2 오븐 팬에 호두를 펼친 다음 오븐에서 5분가량 구워 갈색빛이 살짝 돌고 향이 나도록 한다. 오븐에서 꺼내 잠시 옆에 둔다.

3 그동안 멸치의 대가리와 내장을 제거하고 반을 갈라 척추뼈를 제거한다. 잔멸치를 사용한다면 이 과정은 생략해도 된다. 접시에 멸치를 올린 다음 전자레인지에 넣고 30~60초간 돌리거나 마른 팬에 넣고 약불에서 살짝 볶아서 완전히 말린다.

4 넉넉한 크기의 팬에 기름, 대파, 마늘을 넣고 약불에 올려 향을 낸 후 고춧가루를 넣고 잘 섞는다. 몇 분간 볶아서 고추기름을 낸 다음 고추장, 꿀, 물 1/4컵(60ml)을 넣는다. 양념이 살짝 끓어오르면 멸치와 호두를 넣고 잘 섞는다. 2~3분간 볶은 후 널찍한 쟁반에 펼쳐서 식힌다. 참깨를 뿌리고 버무린다.

고추장 랜치 소스와 신선한 채소

4인분

고추장 랜치 소스 재료

마요네즈 1/2컵(125g)

고추장 2½큰술(50g)

신선한 레몬즙 4작은술(24g)

곱게 다진 마늘 2알(10g)

소금 1작은술(6g)

채소 재료

손질한 아스파라거스 2개(40g)

그린빈 10개(60g)

5cm 길이의 막대 모양으로 썬
작은 오이 1개(80g)

5cm 길이의 막대 모양으로 썬
큰 당근 1/2개(80g)

5cm 길이로 썬 셀러리 1대(40g)

4등분 혹은 2등분한 래디시 2개
(30g)

6등분한 중간 크기 토마토 1개
(120g)

방울토마토 8개(140g)

반 가르고 씨 제거한 미니 피망
2개(40g)

5cm 길이로 썬 주키니호박
1/8개(50g)

마무리 재료

엑스트라 버진 올리브유 1½
작은술(7g)

고추장 파우더(48p 참고, 선택)

술에 곁들여 먹는 안주는 튀기거나 짭짤한 음식이 많다. 나도 그런 안주를 즐기지만, 이따금 채소 위주로 건강하게 먹고 싶을 때가 있다. 이 요리가 바로 그럴 때 먹으면 좋은 안주다. 몸에 좋은 채소가 고추장으로 맛을 낸 랜치 소스와 만나면 아삭한 식감과 감칠맛이 풍부한 음식이 된다. 여기에 가볍게 화이트 와인이나 맥주 한잔을 곁들이면 이보다 만족스러울 수 없다.

How to Make

1   **고추장 랜치 소스 만들기:** 작은 볼에 마요네즈, 고추장, 레몬즙, 마늘을 넣고 섞는다.

2   중간 크기 냄비에 물 4¼컵(1L)과 소금을 넣고 센불로 끓이고 얼음물을 준비해 둔다.

3   아스파라거스와 그린빈을 끓는 물에 넣고 3~4분간 데쳐낸 후 건져서 바로 얼음물에 담근다. 식었으면 채소를 꺼내 키친타월로 물기를 제거하고 5cm 길이로 다듬는다.

4   접시에 채소를 담고 올리브유를 골고루 뿌린다. 원한다면 고추장 파우더도 뿌린다. 고추장 랜치 소스를 볼에 담아 곁들인다.

TIP   고추장 랜치 소스는 밀폐용기에 담으면 냉장고에서 1주간 보관할 수 있다.

고추장찌개

4인분

고추장 2/3컵과 3큰술(250g)

한식간장 3큰술과 1작은술(50g)

양조된장 3큰술(50g)

굵은 고춧가루 2½큰술(15g)

멸치육수(50p 참고) 4¼컵(1L)

껍질 제거 후 2.5cm 크기로 깍둑
썬 무 2½컵(200g)

2.5cm 크기로 깍둑 썬 돼지 목살
500g

2.5cm 크기로 깍둑 썬 큰 감자
1개(300g)

2.5cm 크기로 깍둑 썬 애호박
2/3개(150g)

4등분한 표고버섯 2개(25g)

0.75cm 두께로 어슷 썬 대파 흰
부분 1/2대(25g)

곱게 다진 마늘 4알(20g)

곁들일 쌀밥 4컵(800g)

캐나다에 사는 이누이트족에게는 눈을 가리키는 단어가 50여 개 이상이라고 한다. 한국 요리에서는 국물 요리가 그렇다. 영어로 '수프'라고 통칭하기엔 그 종류가 굉장히 다양하다. 그만큼 한국 문화에서 단백질을 통해 영양분을 최대한 뽑아내는 국물 요리가 얼마나 중요한지 상상할 수 있을 것이다.

국물 요리의 종류 중에는 국, 탕, 찌개, 전골 등이 있다. 그중에서도 찌개는 부재료가 많고 걸쭉하게 끓인 요리라고 할 수 있다. 양념에 장을 넣어 걸쭉하게 만들면 국물이 진해지고, 진한 국물이 채소에 깊숙이 배어들어 더욱 든든한 맛이 난다. 더불어 찌개의 매력은 만든 다음 날에 빛을 발한다는 점이다. 다음 날이 되면 국물 맛이 깊게 밴 재료들이 한데 어우러져 더욱 맛있어진다.

How to Make

1   작은 볼에 고추장, 간장, 된장, 고춧가루를 넣고 섞는다.

2   커다란 솥에 멸치육수, 양념장, 물 4¼컵(1L)을 넣고 잘 섞은 후 무를 넣고 중불에 올려 끓인다. 5분간 끓인 후 돼지고기와 감자를 넣고 자주 저어가며 5분 더 끓인다. 애호박과 버섯을 넣고 10분간 끓이다가 대파와 마늘을 넣고 1분 더 끓인다.

3   뜨거울 때 쌀밥과 함께 먹는다.

TIP 남은 찌개는 밀폐용기에 담아 냉장고에 넣으면 2일간 보관할 수 있다.

닭볶음탕

2~3인분

1kg짜리 닭 한 마리, 12조각으로
잘라서 준비

다크 맛간장(53p 참고) 1/2컵
(120ml)

굵은 고춧가루 2큰술(12g)

고추장 1큰술(15g)

설탕 1큰술(10g)

한식간장 1작은술(5g)

다진 마늘 2알(8g)

다진 생강 1/2작은술(2g)

4등분한 작은 감자 1개 또는
알감자 6개(150g)

4등분한 중간 크기 양파 1/2개
(150g)

2.5cm 두께로 썬 대파 1/2대(25g)

얇게 어슷 썬 홍고추 2개(10g)

곁들일 쌀밥 4컵(800g)

삼복은 더위가 정점을 찍는 7~8월에 우리를 찾아온다. '복'은 '엎드리다' 또는 '항복하다'라는 뜻으로 이 무렵에는 정말이지 숨이 턱턱 막힐 정도로 덥다. 보통은 더위를 이기기 위해 아이스크림, 냉면 같이 차가운 음식을 먹어 더위를 식힌다. 정반대의 방법을 통해 더위를 식히기도 하는데 '이열치열' 즉 '불은 불로 다스린다'라고 해서 가장 더운 날에는 뜨거운 음식을 먹어 더위를 이겨냈다.

오늘날 대부분의 한국인은 복날에 인삼, 찹쌀, 대추를 넣고 만든 삼계탕을 먹는다. 하지만 나는 삼계탕 대신 간장과 고추장으로 감칠맛을 더한 닭볶음탕을 선호한다. 둘 중 무엇을 먹든, 뜨거운 닭 요리는 몸에 기운을 나게 한다.

How to Make

1   커다란 솥에 물을 붓고 센불로 끓인다. 조각 낸 닭고기를 물로 깨끗이 썻고 닭고기를 끓는 물에서 1분간 데친 후 건져내서 물기를 뺀다.

2   작은 볼에 다크 맛간장, 고춧가루, 고추장, 설탕, 간장, 마늘, 생강을 넣고 섞는다

3   커다란 솥에 양념장과 물 2¼컵(540ml)을 붓고 잘 섞는다. 여기에 닭고기를 넣고 센불에 올려 끓인다. 약불로 줄여 20분간 더 끓인 다음 감자와 양파를 넣고 약 20분간 끓인다. 대파와 홍고추를 넣는다. 마지막으로 센불에 올려 한소끔 끓인 후 불을 끄고 10분간 뜸들인다.

4   밥과 함께 식탁에 낸다. 남은 닭볶음탕은 밀폐용기에 담아 냉장고에 넣으면 2일간 보관할 수 있다.

한국식 양념치킨

닭 염지 재료

굵은 고춧가루 1½작은술(8g)

소금 1½작은술(6g)

설탕 1작은술(6g)

양조간장 1/2작은술(3g)

껍질이 붙어있는 닭다리살 4조각
(개당 180g)

고추장 양념 재료

조청 7큰술(150g)

설탕 3큰술과 2¼작은술(45g)

고추장 3큰술(50g)

양조간장 3큰술(45ml)

쌀식초 2½큰술(30g)

곱게 다진 마늘 3알(15g)

얇게 어슷 썬 청양고추 또는
할라페뇨 2개(10g)

튀김옷과 마무리 재료

식용유 9컵(2.2L)

튀김가루(47p 참고) 2컵(200g)

볶음땅콩 분태 2큰술(15g)

대파 1/4개, 흰 부분만 가늘게
채 썰어서 준비(12g)

한국식 치킨에는 20세기부터 시작된 역사가 깃들어 있다. 6.25 전쟁 당시 한국에 주둔했던 미군에 의해 처음 소개된 프라이드치킨은 한국에서 엄청난 인기를 끌어 왔다. 당시 대부분의 한국인은 그나마 가격이 싼 닭고기조차 쉽게 먹을 수 없었고, 식용유가 귀했기에 튀김 요리 또한 쉽게 즐기기 어려웠다. 하지만 한국식 치킨은 전 세계적으로 각광받는 대표적인 한국 음식으로 자리잡았다. 바삭하면서도 달콤하고 짭짤한 한국식 양념치킨은 안주나 간식으로 잘 어울린다. 사실 치킨과 관련한 말에는 여러 가지가 있는데, 대표적으로 치킨을 뜻하는 '치'와 맥주를 뜻하는 '맥'을 합쳐 부르는 '치맥'이라는 단어가 있다. 나는 '치킨'과 '하느님'의 합성어인 '치느님'을 가장 좋아한다. 이 단어만 보아도 한국에서 치킨이 얼마나 사랑받는 존재인지 알 수 있다.

한국식 치킨에는 두 종류가 있다. 우선 황금색 튀김옷을 입은 후라이드치킨이 있고, 고추장과 간장 등을 베이스로 한 소스를 버무려서 만드는 양념치킨이 있다. 여기서 소개하는 것은 양념치킨이다. 닭 고기에 육즙을 가두고 밑간을 하기 위해 염지 과정을 거치고, 바삭한 식감을 최대한 살리기 위해 전분이 섞인 튀김가루에 묻혀 두 차례 튀긴다. 이 레시피에서는 고추장이 중요한 역할을 하는데, 튀긴 닭고기를 매콤한 고추장 양념에 버무려내면 참을 수 없을 만큼 근사한 양념치킨이 완성된다.

How to Make

1 **닭 염지하기:** 그릇에 고춧가루, 소금, 설탕, 간장, 물 1⅔컵(400ml)을 넣고 잘 섞는다. 염지물에 닭다리 정육을 넣고 뚜껑을 닫은 후 냉장고에 넣어 12시간 염지한다.

2 **고추장 양념 만들기:** 작은 냄비에 조청, 설탕, 고추장, 간장, 식초를 넣고 센불로 끓인다. 소스가 끓어 오르기 시작하면 불에서 내리고 상온으로 식힌 다음 다진 마늘과 청양고추를 넣고 섞는다.

3 **치킨 튀기기:** 염지물에서 닭고기를 꺼낸 후 상온에 둬서 냉기를 뺀 후 2.5cm 크기로 자른다.
깊고 커다란 팬에 닭고기가 푹 잠기도록 기름을 최소 5cm 높이로 붓고, 센불에 올려 170℃가 될 때까지 달군다. 쟁반에 키친타월을 깔아 둔다.
그동안 볼에 튀김가루 1⅓컵(130g)과 차가운 물 1컵과 1큰술(260ml)을 넣고 물반죽을 만든다. 원한다면 반죽을 체에 걸러 덩어리 없이 매

끈하게 만든다. 남은 튀김가루 2/3컵(70g)을 접시에 깐다.

닭고기를 반죽에 담갔다 꺼내 튀김가루에 묻히고, 달군 기름에 넣어 2분 30초 혹은 황금빛이 돌 때까지 튀긴다. 기름의 온도가 떨어지지 않게 하기 위해서 적당한 양만 넣고 여러 번에 나눠 튀긴다. 튀겨진 닭고기는 준비한 쟁반에 옮기고 남은 닭고기를 튀기기 전에 기름을 다시 170℃로 달군다. 전 과정을 반복해서 남은 닭고기를 전부 튀긴다. 일단 닭고기를 전부 튀겼으면 먼저 튀긴 조각순으로 바삭바삭해질 때까지 2분 30초~3분간 다시 튀긴다. 키친타월 위에 올려 다시 기름기를 뺀다. 튀긴 닭을 레스팅하고 다시 튀기는 과정은 겉은 바삭하고 속은 촉촉한 치킨을 만들기 위해 아주 중요하다.

4 튀긴 닭고기를 고추장 양념에 넣고 튀김옷이 벗겨지지 않도록 살살 버무린다. 윗면에 땅콩 분태를 뿌리고 채 썬 대파를 올려 마무리한다.

김치볶음밥과 백김치 코울슬로

2인분

백김치 코울슬로 재료

얇게 채썬 양배추 1컵(50g)

현미식초 2¼작은술(12g)

설탕 1/2작은술(3g)

소금 1/4작은술(혹은 양배추 무게의 3%)(2g)

얇게 채썬 백김치 1/4컵(50g)

김치볶음밥 재료

달걀 2개

찬밥 2컵(400g)

소테 고추장(54p 참고) 1큰술(20g)

양조간장 1작은술(4g)

식용유 1큰술(10g)

베이컨 160g, 두께 약 6mm의 베이컨 세 장을 너비 6mm로 잘라서 준비

대파 1대, 흰 부분만 굵게 다져서 준비(50g)

6mm 크기로 잘게 썬 중간 크기 양파 1/4개(50g)

굵게 다진 마늘 2알(10g)

6mm 너비로 자른 잘 익은 배추김치 또는 묵은지 1컵(200g)

들기름 2큰술(10g)

장식용 참깨(8g)

나는 김치볶음밥을 통해 요리에 발을 들였다. 일곱 살 무렵이 될 때까지 혼자 요리해 본 적은 없다. 요리 솜씨 좋으신 어머니께서 아버지와 우리 형제를 위해 매일 요리해 주셨기 때문이다. 어느 날 친구 집에 놀러 갔는데, 친구는 어머니가 일을 하시는 탓에 직접 요리해 먹는 일이 잦았다. 친구가 만들어 준 김치볶음밥은 꽤나 인상 깊었다. 어느 날 어머니가 친구를 만나러 외출한다고 하셔서 나는 저녁을 직접 준비해도 되는지 물었다. 놀랍게도 어머니는 그러라고 하셨다.

김치볶음밥의 핵심 재료는 김치와 찬밥과 달걀로, 웬만한 가정집에 흔히 있는 재료다. 어린 마음에도 친구를 따라 하는 게 싫어서 밥 대신 국수를 써 보았다. 하지만 김치와 볶아내고 나니 국수가 너무 불어서 요리는 성공적이지 못했고, 내 실험작을 먹을 수밖에 없었던 동생의 기색은 영 좋지 않았다. 그러나 좌절하지는 않았다. 그날 이후로 요리하는 즐거움을 알게 되었기 때문이다. 나는 어머니께 요리책을 사달라고 졸랐다. 또한 요리 다큐멘터리와 요리 만화책에 푹 빠져들기 시작했다. 나이를 먹어갈수록 내 김치볶음밥도 점점 맛있어졌다. 고추장을 넣는 건 아버지께 배웠는데, 아버지가 할 줄 아는 몇 안 되는 요리 중에는 김치볶음밥도 있었다. 알싸한 김치와 매콤달콤한 고추장이 어우러진 맛이 내 맘에 쏙 들었다.

나의 김치볶음밥 레시피는 여전히 진화 중이다. 미국에 살 당시에는 KFC에서 파는 코울슬로에 푹 빠졌었다. 김치볶음밥에 넣어서 먹다가 결국엔 양념하지 않은 백김치를 주재료로 코울슬로도 직접 만들었다. 이 백김치 코울슬로는 김치볶음밥과 굉장히 잘어울린다. 김치볶음밥에 바질페스토나 다른 재료를 넣는 건 로스앤젤레스 바루Baroo의 어광 셰프와 미나에게 배웠다. 알고 보니 김치볶음밥으로 요리에 입문한 한국인 셰프 또는 한국계 미국인 셰프가 많이 있고, 그들도 각자의 스타일로 김치볶음밥을 선보이고 있다.

How to Make

1 **백김치 코울슬로 만들기:** 커다란 볼에 양배추, 식초, 설탕, 소금, 물 1작은술을 넣고 버무린다. 30분간 절인 다음 물기를 꽉 짠 후 백김치를 넣고 섞는다. 랩을 씌워 먹기 전까지 냉장고에 넣어 둔다.

2 **김치볶음밥 만들기:** 중간 크기 볼에 달걀을 깨뜨려 넣고 풀어준 후 찬밥을 넣고 잘 섞는다. 밥알이 달걀을 흡수하도록 20분간 그대로 둔다. 그동안 작은 볼에 고추장과 간장을 넣고 섞어 양념장을 만든다.

넓은 팬을 센불로 달군 후 식용유를 두르고 베이컨, 대파, 양파, 마늘을 넣은 다음 베이컨이 노릇해질 때까지 4~5분간 볶는다. 배추김치를 넣고 잘 저어준 다음 섞어둔 양념장을 넣고 1분간 더 볶는다. 중불로 줄이고 밥을 넣는다. 밥알이 눌어붙지 않도록 꾸준히 저으면서 5분간 볶는다. 들기름을 넣고 골고루 섞는다.

3 접시에 볶음밥을 담고 참깨로 장식한다. 백김치 코울슬로를 곁들여 식탁에 낸다.

육회비빔밥

좋은 품질의 소고기 등심 160g
소금 1작은술(4g)
콩나물 또는 숙주나물 1/2컵(60g)
한식간장 1/2작은술(3g)
들기름 1/2작은술(2g)

고추장 양념장

고추장 1/3컵(90g)
들기름 3큰술(40g)
껍질 벗긴 배 1/8개(60g)
설탕 1큰술과 1작은술(20g)
양조간장 1작은술(6g)
즉석에서 간 흑후추 한 꼬집(1g)
깨소금 2작은술(2g)
곱게 간 마늘 2알(6g)

마무리 재료

쌀밥 2컵(400g)
얇게 썬 깻잎 10장(10g)
얇게 썬 상추 6~7장(30g)
달걀노른자 2개
잣 1½작은술(약 20알)
참깨 1/2작은술(1g)
들기름 1큰술(15g)

서양 요리 중에서 육회와 가장 비슷한 음식으로는 비프 타르타르가 있다. 둘 다 생고기를 다지거나 잘게 썰어 즐기는 요리인데 맛을 내는 재료가 조금 다르다. 비스트로(bistro, 격식을 덜 갖춘 편안한 분위기의 작은 프렌치 레스토랑) 스타일 타르타르는 고기에 케이퍼, 향신채, 우스터소스를 넣어 담백한 고기의 맛에 알싸한 양념 맛을 더하는 반면에 육회는 고추장이나 간장, 달고 아삭한 배, 참기름, 잣을 넣어 고기의 감칠맛을 살리고 달달하고 고소한 양념을 더해 풍부한 맛을 낸다.

육회 조리법에 관한 기록은 17세기부터 남아 있는데, 이에 따르면 육회는 조선 왕조 때 궁중에서 먹던 음식이었다. 20세기에 들어와 소고기가 널리 보급되면서 육회가 알려지기 시작했다. 지역에 따라 다양한 스타일의 육회가 있지만, 그중에서도 우시장으로도 유명한 경남 진주의 육회비빔밥은 꼭 먹어 보아야 하는 음식 중 하나다. 돼지고기와 달리 익힌 소고기에는 고추장을 곁들이는 일이 드물지만 고추장 특유의 맛은 육회와 완벽하리만큼 잘 어울린다. 여기에 소개한 것처럼 잎채소와 밥을 곁들여 비빔밥으로 만들어 먹으면 더욱 맛있게 즐길 수 있다.

NOTE 생고기로 만드는 요리라 반드시 질이 뛰어난 소고기를 사용해야 한다. 단골 정육점에 가서 최고급 등심을 달라고 부탁해 보자.

How to Make

1 소고기는 썰기 쉽게 한 시간가량 냉동실에 얼린다. 살짝 언 소고기를 꺼내 5cm 길이로 얇게 채 썬다.

2 중간 크기 냄비에 물 4¼컵(1L)과 소금을 넣고 센불로 끓이고 얼음물을 준비한다.

3 콩나물을 흐르는 물에 씻은 후 상한 부분과 껍질을 제거한다. 끓는 물에 콩나물을 넣고 1~2분간 가볍게 데친 후 즉시 얼음물에 담근다. 콩나물을 건져 물기를 뺀 후 한식간장과 들기름을 넣어 무친다.

4 **고추장 양념장 만들기:** 블렌더에 고추장, 들기름, 배, 설탕, 양조간장, 후추를 넣고 곱게 간다. 볼에 옮겨 담은 후 참깨와 마늘을 넣고 잘 섞는다.

5 육회에 양념장 2큰술을 넣고 잘 버무린다. 양념장은 입맛에 맞게 추가해도 좋다.

6 그릇 밥을 담고 깻잎, 상추, 콩나물, 육회를 올린다. 육회 가운데를 살짝 오목하게 판 후 그 위에 달걀 노른자를 조심스레 올린다. 잣, 참깨, 들기름을 뿌려 마무리한다. 각자 입맛에 맞게 넣어 먹도록 양념장을 따로 담아 식탁에 낸다.

김치비빔국수

2인분

달걀 2개

양념장 재료

초고추장(54p 참고) 3/4컵(225g)

꿀 or 달콤한 청 2½큰술(50g)

한식간장 2큰술과 1작은술(35g)

씨를 제거한 한국 배 또는 사과
1/4개(125g)

중간 크기 양파 1/8개(25g)

껍질 벗긴 마늘 1알(5g)

굵은 고춧가루 3큰술(25g)

마무리 재료

소금

소면 140g

너비 1cm로 썬 배추김치 1/2컵
(100g)

얇게 채 썬 중간 크기 오이 1/4
개(40g)

들기름 1작은술(5g)

참깨

냉면이나 콩국수처럼 차가운 면 요리인 비빔국수는 더운 여름에도, 김치가 한창 맛있는 겨울에도 정말 잘 어울린다. 남녀노소 할 것 없이 누구에게나 인기 있는 이 요리는 대부분의 재료가 모든 가정집에 항상 있는 재료이고 만드는 방법도 간단하다. 초고추장의 톡 쏘는 맛과 매콤함, 배추김치의 신맛과 아삭한 식감, 소면의 꽉 차고 찰진 식감이 완벽하리만큼 잘 어울린다. 소스 또한 아주 맛있어서 삼겹살 수육(139p 참고) 등에 찍어 먹거나 생채소로 만든 간단한 비빔밥에 넣어 먹어도 잘 어울린다. 레시피에 제시된 분량은 몇 번 만들어 먹을 수 있을 만큼 넉넉한 양이다. 냉장고에 넣으면 2주간 보관할 수 있다.

How to Make

1   작은 냄비에 달걀을 넣고 찬물을 부은 다음 센불로 익힌다. 반숙을 원한다면 8분, 완숙을 원한다면 9분 삶은 후 불에서 내려 찬물에 씻는다. 껍질을 까고 반으로 자른다.

2   **양념장 만들기:** 블렌더에 초고추장, 꿀, 간장, 배, 양파, 마늘을 넣고 곱게 간다. 볼에 옮겨 담은 후 고춧가루를 넣고 잘 섞는다.

3   커다란 냄비에 물 8⅓컵(2L)을 붓고 소금을 약간 넣은 후 센불로 끓인다. 얼음물을 준비한 후 끓는 물에 소면을 넣고 약 4분간 삶는다. 제품마다 조리 시간이 다르므로 설명서를 참고한다. 익힌 면을 얼른 체에 거른 후 얼음물에 담가 차갑게 식힌다.

4   작은 볼에 양념장 1큰술과 김치를 넣고 섞는다. 커다란 볼에 소면과 양념장 1/3컵(80g)을 넣고 버무린 후 그릇에 나누어 담는다. 오이, 양념한 김치, 달걀 반쪽을 올린다. 들기름과 참깨를 뿌려 마무리한다.

고추장 살사와 고추장 칵테일 소스를 곁들인 해산물 플래터

4인분

소금 1/2컵(75g)

화이트와인 비네거 3½큰술(50ml)

월계수 잎 1장

통 백후추 5알

신선한 랍스터 1~2마리

내장 제거 후 찬물로 씻은 대하 8~12마리

굴 8개, 껍질째로 준비

가리비 4개, 껍질째로 준비

고추장 살사 재료

엑스트라 버진 올리브유 2큰술과 3/4작은술(30g)

신선한 레몬즙 2큰술(30g)

초고추장(54p 참고) 2큰술(30g)

핫소스 1½작은술(6g)

0.5cm 크기로 다이스한 작은 토마토 1/3개(30g)

0.5cm 크기로 다이스한 셀러리 1/2개(15g)

0.5cm 크기로 다이스한 적양파 1/6개(30g)

씨를 제거하고 굵게 다진 청양고추 또는 할라페뇨 1/2개(9g)

초고추장 칵테일 소스 재료

케첩 1/2컵(240g)

초고추장(54p 참고) 1/4컵(65g)

신선한 레몬즙 1큰술과 1작은술 (20g)

신선한 홀스래디시 또는 시판 홀스래디시 1큰술(15g)

다진 마늘 1알(5g)

핫소스 1/4작은술(2g)

흔히 초장이라고 부르는 초고추장은 해산물, 특히 날생선과 매우 잘 어울린다. 굴, 백합, 가리비처럼 조개류에 초고추장의 산미와 매운맛이 더해지면, 넉넉한 양의 타바스코를 뿌린 것보다 바다의 맛과 향이 더 도드라진다. 이 양념에 양파, 토마토, 셀러리를 더하면 초고추장 살사가 된다.

개인적으로 바다새우, 민물새우, 랍스터처럼 달콤한 맛이 나는 갑각류를 먹을 때 홀스래디시와 비슷한 맛이 나는 초고추장 칵테일 소스를 선호하는데, 이 소스는 만들기도 쉬울 뿐더러 언제나 우리 집에서 인기 만점이다. 상큼한 매실 미뇨네트 소스는 해산물 특히 조개류에 곁들였을 때 달콤하면서도 짭짤한 맛이 나서 정말 잘 어울린다.

How to Make

1 커다란 솥에 물 12½컵(3L)을 붓고 소금, 식초, 월계수 잎, 후추를 넣고 센불로 끓인다. 얼음물을 준비해 둔다.

2 물이 끓으면 불을 끄고 재빨리 랍스터를 넣어 뚜껑을 닫고 12분간 삶는다. 삶은 물은 버리지 않고 랍스터를 건져내 얼음물에 담가 식힌다. 날카로운 칼을 사용해 길게 반으로 자른다. 집게발과 관절을 분리하고 살만 발라낸다.

3 랍스터를 삶은 물에 새우를 넣고 센불로 2~3분간 끓인다. 익은 새우를 건져 얼음물에 담가 식힌다. 필요하다면 얼음을 추가해 물을 차갑게 유지한다.

4 날카로운 칼이나 굴 전용 칼을 사용해 굴의 뾰족한 경첩 부분에 칼을 집어넣고 90도로 돌려 껍데기를 연다. 깨끗이 닦은 칼을 다시 집어넣어 위쪽(평평한 쪽) 껍데기와 알맹이를 연결하고 있는 관자를 자른다. 위쪽 껍데기를 떼어내고, 아래쪽 껍데기와 알맹이 사이에 칼을 집어넣어 아래쪽 껍데기에 붙은 관자도 자른다.

5 가리비 껍데기 사이에 얇은 칼을 집어넣고 입 쪽에서 경첩 방향으로 칼을 훑어 열고 내장을 제거한다. 관자를 차가운 소금물에 담가 깨끗

매실 미뇨네트 소스

곱게 다진 샬롯 1개(75g)

매실 식초 또는 셰리와인 비네거
또는 화이트와인 비네거 2큰술
(40g)

참기름 1큰술과 2작은술(25g)

양조간장 1큰술과 2작은술(25g)

매실청 1큰술과 2작은술(25g)

신선한 라임즙 1큰술과 1/2작은술
(17.5g)

으깬 통흑후추 1/2작은술(2g)

마무리 재료

곱게 간 얼음(선택)

레몬 1/2개

라임 1/2개

이 씻은 다음 어슷하게 3~4조각으로 자른다. 남은 가리비도 똑같이 손질한다. 잠시 옆에 둔다.

6 **고추장 살사 만들기:** 중간 크기 볼에 올리브유, 레몬즙, 초고추장, 핫소스를 넣고 섞는다. 이어서 토마토, 셀러리, 양파, 고추를 넣고 잘 섞는다.

7 **초고추장 칵테일 소스 만들기:** 작은 볼에 케첩, 초고추장, 레몬즙, 홀스래디시, 다진 마늘, 핫소스를 넣고 골고루 섞는다.

8 **매실 미뇨네트 소스 만들기:** 작은 볼에 다진 샬롯, 식초, 참기름, 간장, 매실청, 라임즙, 으깬 통후추를 넣고 섞는다.

9 **해산물 플래터 꾸미기:** 넓고 얕은 볼에 얼음이나 채소를 깔고 그 위에 준비한 해산물을 올린다. 레몬과 라임을 씻고 웨지 모양으로 잘라 해산물 옆에 올린다. 세 가지 소스를 작은 종지에 담아 곁들인다.

고추장 회무침

2인분

횟감용 도미 필렛이나 연어 필렛 120~140g

소금

초고추장(54p 참고) 3½큰술(60g)

참기름 2작은술(10g)

굵은 고춧가루 1/2작은술(2g)

6mm 두께로 썬 배춧잎 1장(40g)

6mm 두께로 썬 작은 양파 1/4 개(40g)

2.5cm 길이로 썬 미나리 1/2컵 (30g)

깻잎 12장(12g)

얇게 저민 마늘 1알(5g)

참깨 1큰술(2g)

생선회는 섬세한 단맛을 가지고 있어 전채요리로 잘 어울린다. 서양 요리나 남미에서는 흔히 레몬 등과 같은 시트러스 과일에 든 산과 소금으로 생선 맛의 균형을 잡고, 올리브유나 얇게 썬 고추로 맛의 균형을 잡는다.

초고추장은 이 모든 맛을 하나의 재료에 모두 담고 있다. 짜고, 맵고, 달고, 새콤한 초고추장은 마치 인스타그램의 필터 같아서 회를 돋보이게 해주면서도 생선 맛을 가리지 않는다. 초고추장은 또한 살짝 익힌 굴, 새우, 가리비와도 잘 어울린다. 이 회무침에 들어가는 다른 재료 중에서도 특히 깻잎과 미나리는 초고추장과 완벽한 조화를 이루는 한국 식재료이다.

How to Make

1   필요하다면 도미 껍질을 제거하고, 차가운 소금물에 담가 헹군다. 키친타월로 물기를 제거하고 가능한 얇게 포 뜬 다음 접시에 올린다. 랩으로 감싸서 냉장고에 넣고 차갑게 식힌다.

2   그동안 작은 볼에 초고추장 2큰술, 참기름, 고춧가루를 넣고 잘 섞는다. 이어서 배추, 양파, 미나리를 넣고 손이나 젓가락을 사용해 살살 버무린다.

3   차갑게 식힌 회를 남은 초고추장 1½큰술에 무쳐낸 후 가볍게 돌돌 말아서 접시 위에 올리고 그 옆에 깻잎, 채소무침, 마늘을 올린다. 참깨를 뿌려 장식한다.

고추장 소스를 곁들인 구운 관자와 시금치 샐러드

2인분

얇게 슬라이스한 작은 래디시
2개(30g)

엑스트라 버진 올리브유 3작은술
(13.5g)

가리비 관자 큰 것 5~6개(180g)

세척 후 물기 제거한 베이비
시금치 30g

초고추장(54p 참고) 1½큰술(20g)

세로로 얇게 슬라이스한 작은
오이 1개(80g)

레몬 1/2개 분량의 제스트와 즙
(11g)

참깨 한 꼬집(선택)

초고추장의 새콤달콤함과 매콤함, 그리고 짭짤한 맛은 어떤 채소나 해산물과도 완벽하게 어우러진다. 초고추장은 원래 찍어 먹는 소스(54p 참고)이지만 미뇨네트처럼 뿌려 먹는 소스로 쓰이기도 하는데, 여기에 올리브유와 레몬을 추가하면 좀 더 비네그렛에 가까운 소스가 된다. 올리브유와 레몬은 초고추장이 서양에서 많이 쓰이는 재료들과 잘 섞이도록 도와준다. 이 요리의 샐러드용 채소로 사용된 베이비 시금치는 엔다이브나 버터헤드 레터스 같은 다른 잎채소로 대체해도 좋다.

How to Make

1 찬물에 슬라이스한 래디시를 담아 식감이 살아나도록 한다.

2 그동안 넓은 팬을 중불에 올리고 올리브유 1½작은술을 두른다. 달궈진 팬에 관자를 넣고 바닥이 노릇노릇해질 때까지 건드리지 않고 1~2분간 굽는다. 불을 끄고 관자를 뒤집어 30초~1분간 잔열로 굽는다. 관자를 유산지에 올려 식힌다.

3 접시에 베이비 시금치를 담고 그 위에 초고추장을 골고루 뿌린다. 베이비 시금치 위에 래디시를 골고루 흩뿌리고 이어서 오이 슬라이스도 살짝 비틀어 모양을 잡아 올린다. 마지막으로 구운 관자를 올린다. 남은 올리브유 1½작은술을 뿌리고 레몬 제스트, 레몬즙, 원한다면 참깨를 뿌려 마무리한다.

캠핑용 고추장 바비큐

3~4인분

바비큐 고추장(55p 참고) 1컵(300g)

식용유 1큰술, 필요에 따라 추가
(15g)

뼈가 붙어 있는 돼지 뼈등심 250g
짜리 4개, 두께 약 4cm로 준비

세이지 7개(3g)

다듬고 껍질 제거한 아스파라거스
8개(160g)

2cm 두께의 링 모양으로 썬 작은
양파 2개(320g)

소금과 즉석에서 간 흑후추

등에 칼집을 내고 내장을 제거한
대하 8~12마리(1000g)

굴 8개

반으로 가른 레몬 2개

반으로 가른 라임 1개

나의 첫 해외 생활은 미국 플로리다 웨스트 팜비치에서 시작됐다. 그해 주방에서 처음 만난 닉이라는 동료가 집에서 여는 야외 바비큐 파티에 나를 초대해줬다. 그 나라, 그 도시에 아는 사람 하나 없는 나를 안타깝게 여겨 초대한 걸 테지만, 한껏 들떴던 기억이 난다. 미국식 바비큐에 관해서라면 끝없이 구워져 나오는 핫도그와 치즈버거, 맥주, 물 미끄럼틀, 야외용 의자 등 들은 이야기는 많았지만, 한 번도 가 본 적이 없었기 때문에 유독 설렜다. 한국에도 고기를 구워 먹는 문화가 있지만, 실내에 모여 식탁 앞에서 구워 먹는 방식이라 미국의 바비큐 파티와는 여러모로 다르다.

미국식 바비큐 파티는 역시 기대를 저버리지 않았다. 나는 사람들이 야외의 차콜 그릴(숯불)을 둘러서서 고기 굽는 광경을 구경했는데, 그들의 슬랭이 섞인 영어를 제대로 알아듣지 못했지만, 그 공간에서 느껴지는 원초적인 동지애를 통해 미국 바비큐 문화를 충분히 들여다볼 수 있었다. 1년 후 플로리다를 떠나 스페인으로 가게 됐을 때 송별회를 할 겸 동료들을 집으로 초대했다. 대부분 셰프라 그들의 기억에 깊게 새겨질 만큼 놀라운 한국 요리를 해주고 싶었다. 미국식 바비큐 대신 양념에 재운 돼지갈비와 LA갈비, 갈비 양념구이, 고추장으로 맛을 낸 새우와 굴을 차콜 그릴에 구워서 대접했다. 동료들은 감명을 받았을 뿐 아니라 내 요리에 매혹된 것 같았다. 그렇게 나는 참신함이라는 앞치마를 매고 연기 나는 그릴 앞에서 뒤집개를 쥔 모습으로 당당하게 플로리다를 떠났다. 아직도 미국에서 플로리다는 나에게 고향 같은 곳이다. 언젠가 나의 가족들과 함께 웨스트 팜비치와 마이애미를 방문하고 싶다.

NOTE 양념에 재우는 요리인 만큼 시간이 오래 걸린다. 돼지 뼈등심은 그릴에 굽기 전 양념에 12시간 재워 놓아야 한다.

How to Make

1 볼에 바비큐 고추장과 식용유를 넣고 섞는다. 나중에 바를 용도의 양념 1/3컵(100g)을 따로 덜어 놓는다.

2 돼지 뼈등심을 키친타월로 두드려서 핏물을 제거한 후, 접시에 올리고 세이지로 문지른다. 고추장 양념을 고기에 골고루 바른 후 랩을 씌워 냉장고에서 12~24시간 동안 재운다.

3 굽기 30분~1시간 전에 고기를 상온에 꺼내 둔다. 그릴을 고온으로 예열한다.

그릴에 돼지 뼈등심을 올리고 접시에 남아 있는 양념장을 덧바른다. 타지 않도록 30~60초마다 뒤집어가며 내부 온도가 70℃에 도달할 때까지 약 10분간 구운 다음 불에서 꺼내 5분간 레스팅한다.

4   아스파라거스와 양파는 소금과 후추로 간한 후 식용유에 골고루 버무린다. 그릴에 올려 노릇노릇해질 때까지 7분가량 굽는다.

5   그동안 대하와 굴을 흐르는 차가운 물에 씻어 이물질을 제거한다. 대하의 칼집 낸 부분이 위를 향하게 그릴에 올린 다음 따로 남겨둔 고추장 양념 1/3컵(100g)을 가져와 칼집 낸 부분에 바르고 3~4분간 굽는다. 그릴에 굴을 올리고 껍데기가 열릴 때까지 5~7분간 구운 다음 조심히 꺼낸 후 윗부분의 껍데기를 떼어낸다. 굴에도 양념장을 바르고 다시 그릴에 올려 1분가량 더 구운 다음 꺼낸다. 레몬과 라임의 단면이 아래로 향하도록 그릴에 올려 몇 초간 그을린다.

6   돼지 뼈등심을 잘라 새우, 굴, 양파, 아스파라거스와 함께 접시에 올린 다음 그을린 레몬과 라임으로 장식하고, 남은 양념을 찍어 먹을 수 있도록 볼에 담아 곁들인다.

제육볶음

4인분

두께 6mm, 길이 5cm로 자른
돼지 목살 360g

소테 고추장(54p 참고) 2/3컵(200g)

두께 2cm로 썬 큰 양파 1개(24g)

대파 2대, 흰 부분만 두께 2cm로
어슷썰어서 준비(100g)

두께 6mm로 썬 마늘 8~10알(30g)

얇게 썬 청양고추나 할라페뇨 1개
(20g)

식용유 1/2작은술(10g)

참깨 1¼작은술(2g)

적상추 8장

깻잎 12장

언제든 편히 즐길 수 있는 이 음식은 고추장과 돼지고기의 조합을 가장 훌륭하게 보여주는 메뉴이다. 여기에 상추나 깻잎 같은 채소를 추가하여 쌈으로도 즐길 수 있는 제육볶음은 한국인들의 소울푸드다. 해외에 나가 있을 때 김치찌개와 함께 내가 가장 그리워하는 음식이기도 하고, 밍글스 직원 식사에 내놓으면 가장 인기 있는 음식이기도 하다.

제육볶음의 비결은 우선 질 좋은 돼지고기를 사용하고, 고기 맛을 한층 끌어올릴 수 있도록 고추장을 적절히 사용해 맛의 균형을 잡는 데에 있다. 간단한 요리인 만큼 요리하는 사람의 취향에 따라 더욱 맵게 만들기도 하고 깻잎이나 김치처럼 색다른 재료를 추가해도 좋다.

How to Make

1   볼에 돼지고기, 고추장, 양파, 대파, 마늘, 고추를 넣고 버무린다. 랩을 씌워 냉장고에 넣고 30분~1시간 동안 재워 둔다. 너무 오래 재우면 돼지고기에 고추장 맛이 과하게 배니 주의하자.

2   무쇠팬이나 웍을 중불에 올리고 식용유를 두른다. 팬이 달궈지면 돼지고기와 채소 재워 둔 것을 넣고 센불로 올린 후 8~10분간 볶아 완전히 익힌다.

3   그릇에 담은 후 참깨를 뿌리고 상추와 깻잎을 곁들여 먹는다.

고추장 풀드 포크 샌드위치

4인분

풀드 포크 재료

펜넬시드 1½작은술(3g)
코리앤더시드 1½작은술(3g)
통흑후추 1½작은술(3g)
바비큐 고추장(55p 참고) 1/3컵
(100g)
메이플시럽 1큰술(20g)
케이준 시즈닝 1½작은술(3g)
양파가루 1½작은술(3g)
마늘가루 1½작은술(3g)
고춧가루 1½작은술(3g)
뼈 없는 돼지 목살 500g
얇게 썬 중간 크기 양파 1개(200g)
핫소스 1작은술(5g)
애플 사이다 비네거 1작은술(5g)

고추장 아이올리 소스 재료

마요네즈 6큰술(90g)
고추장 2큰술(30g)
신선한 레몬즙 1큰술(15g)
곱게 다진 마늘 1알(6g)

마무리 재료

토스트한 햄버거빵 4개
만돌린 채칼을 사용해 세로로
얇게 슬라이스한 오이 1개

이 샌드위치는 바비큐의 본고장 미국 남부의 메뉴에 현재 세계에서 가장 주목 받는 코리안 바비큐의 비법이 더해진 콜라보레이션 메뉴이다. 돼지고기와 가장 잘 어울리는 소스인 고추장은 노스캐롤라이나 바비큐에 곁들이는 애플 사이다 비네거 소스와도 조화롭게 어우러진다. 여러 차례 레시피를 수정하며 찾아낸 비법은 고추장의 매콤함과 비네거 소스의 새콤달콤함이 완벽한 조합을 이루게 하는 것이다.

How to Make

1   **풀드 포크 만들기:** 절구 또는 블렌더를 사용해 펜넬시드, 코리앤더시드, 통후추를 곱게 간다. 커다란 볼에 간 향신료, 바비큐 고추장, 메이플시럽, 케이준 시즈닝, 양파가루, 마늘가루, 고춧가루를 넣고 골고루 섞는다. 돼지 목살에 양념을 골고루 묻히고 랩으로 감싸 냉장고에서 최소 6시간에서 하룻밤까지 재운다. 전기밥솥 바닥에 양파를 골고루 얇게 간다. 양파 위에 재워 둔 목살을 올린 다음 고기가 포크로도 부서질 정도로 부드러워지도록 슬로우쿡 기능으로 2시간 동안 익힌다. 밥솥에서 그대로 식힌 다음 고기를 건져 볼에 넣고 포크를 이용해 잘게 찢는다. 밥솥에 남아 있는 소스를 체로 걸러 작은 냄비에 담은 후 소스가 반으로 줄어들 때까지 중불에서 5분가량 졸인다. 잘게 찢은 고기에 졸인 소스, 핫소스, 애플 사이다 비네거를 넣고 버무린다.

2   **고추장 아이올리 소스 만들기:** 작은 볼에 마요네즈, 고추장, 레몬즙, 마늘을 넣고 골고루 섞는다.

3   토스터 오븐에 햄버거빵을 토스트한 후 햄버거빵 1개당 고추장 아이올리 소스를 2큰술씩 위아래에 나눠 바른다. 햄버거빵에 풀드 포크를 똑같이 나눠 올리고 오이 슬라이스를 몇 조각씩 올리고 남은 햄버거빵을 덮는다.

TIP 무쇠 냄비로 만드는 방법을 소개한다. 고기를 양념에 재운 후 2cm 크기로 깍둑 썬 다음 뚜껑이 있는 무쇠 냄비 안에 집어넣는다. 양파와 물 1¼컵(300ml)을 넣고 중불에 올려 가열한다. 끓기 시작하면 약불로 줄이고 뚜껑을 덮어 약 15분마다 저어가며 고기가 포크로 건드렸을 때 쉽게 부서질 만큼 부드러워지도록 2시간 동안 뭉근히 익힌다. 냄비에서 고기를 건져 볼에 넣고 잘게 찢은 다음 다시 냄비에 넣고, 남은 소스가 고기에 흡수될 때까지 뭉근히 끓인다. 핫소스와 애플 사이다 비네거를 넣고 버무린다.

고추장 초콜릿 무스

4인분

발로나 까라이브 초콜릿 같은
다크초콜릿 170g, 다져서 준비
생크림 3/4컵(180ml)
고추장 2큰술(36g)
물엿 1½작은술(10g)
버터 쿠키 12조각(100g)

다크초콜릿에 향신료를 추가하면 쌉싸래하고 달콤한 맛에 향긋하고 알싸한 향이 더해져 정말 매력적이다. 향신료의 자리에 고추장을 넣으면 초콜릿에 감칠맛과 복합적인 맛이 나는 이색적인 디저트가 탄생한다. 밍글스에서 사용하는 레시피지만, 집에서 아이들에게 종종 만들어 줄 정도로 만들기 쉬운 디저트이기도 하다. 고추장 특유의 매콤하고 강한 풍미가 초콜릿과 생크림이 더해지면 부드럽게 풀어지며 굉장히 우아한 맛을 느낄 수 있다.

How to Make

1 내열 용기에 다진 초콜릿을 담는다. 중간 크기 냄비에 물을 붓고 중약 불에 올려 끓인다. 약불로 줄인 다음 초콜릿을 담은 용기 바닥이 끓는 물에 닿지 않도록 주의하며 냄비 위에 올려 중탕한다. 초콜릿 온도가 45℃에 도달할 때까지 계속 저어가며 녹인다.

2 그동안 다른 냄비에 크림, 고추장, 물엿을 넣고 섞는다. 온도가 50℃에 도달할 때까지 약불에서 저으면서 끓인다.

3 초콜릿과 생크림 혼합물이 목표 온도에 도달하면 생크림 혼합물의 절반 분량을 초콜릿에 붓고 거품기로 섞는다. 남은 생크림을 마저 붓고 거품기로 잘 섞는다. 핸드블렌더를 사용해 완전히 유화될 때까지 곱게 간 다음 뚜껑이 딸린 넓은 유리 용기에 붓는다. 랩을 잘라 초콜릿 무스 표면에 밀착되도록 붙이고 뚜껑을 닫은 후 냉장고에 넣고 1~2시간 동안 굳힌다.

4 서빙하기 전에 무스를 미리 꺼내 상온으로 맞춘다. 버터 쿠키를 곁들여 낸다.

TIP 쿠키 두 개 사이에 고추장 초콜릿 무스를 바르고 윗면에 고추장 파우더를 뿌리면 고추장 초콜릿 샌드를 만들 수 있다

장본가

전북 순창은 고추장의 천국 같은 곳이다. 강천산 숲 가득 자라는 나무는 마을을 매서운 겨울바람으로부터 보호해 주고, 천연 암반수가 흐르는 섬진강은 깨끗한 물을 제공한다. 적당한 온도와 습도는 고추를 무럭무럭 자라게 하고 낮과 밤의 일교차는 장을 발효하는 데 완벽한 환경을 제공한다.

고추장은 한국 문화가 가장 찬란했던 시대였던 조선시대에 시작됐다. 순창의 자연환경은 장을 담그기에 가장 적합한 지역이었고, 조선 왕조의 제1대 왕 태조는 이 지역의 산에 위치한 절에서 순창 고추장을 처음 맛본 후에 그 매력에 빠져들어 왕위에 오른 후 궁으로 고추장을 진상하도록 했다. 순창 고추장은 궁정의 필수 음식이 되었고, 그 결과 조선 왕조가 통치하는 5세기 동안 꾸준히 기록에 남겨졌다.

오늘날 순창은 고추장을 테마로 한 작은 마을이다. 1988년 서울 하계올림픽에 대비해 광주와 대구를 잇는 88올림픽고속도로를 건설하면서 순창 고추장은 전국 각지로 퍼져 나갔다. 1990년대 초기 정부에서는 전통 방식으로 고추장을 만드는 순창 지역을 보호하고 관광지로 만들기 위해 150여억 원을 투자해 전통고추장민속마을을 만들었다.

전통고추장민속마을의 주요 도로인 민속마을길은 골짜기의 평지에서 시작해 강천산 구릉 지대에서 끝나는 길고 가파른 길이다. 도로 초입의 순창장류박물관에서는 고추장을 만드는 법을 성명하고, 역사가 깃든 장 만드는 도구와 흥미로운 고추장 관련 전시품이 전시되어 있다. 도로의 위쪽 끝 물레방아가 위치한 숲엔 장독, 고추, 메주 모양 캐릭터들이 모여 있는 작은 공원이 있다. 어린이들과 관광객들이 직접 장을 만들어 볼 수 있는 장류체험관과 기념품 가게도 여러 곳 위치해 있다. 마을의 도로를 따라 양쪽으로 전통 가옥인 한옥이 쭉 늘어서 있는데 대부분 고추장을 만드는 장인들이 사는 집이다. 그 집들에 살짝 보이는 안뜰에는 맛있는 고추장이 장독 안에서 익어가고 있다.

전통고추장민속마을에는 고추장 제조업자가 마흔두 명 있지만, 명인은 단 한 명밖에 없다. 바로 강순옥 명인이다. 관광객이 많이 찾는 마을에 걸맞게 명인은 고추장 만들기 체험을 정기적으로 진행하고 있다. 체험을 하는 공간 뒤쪽에는 장독이 자리 잡고 있다. 장독에는 숯과 목화 꽃, 마른 고추가 달린 새끼줄이 묶여 있다. 또한 볏짚에 엮인 고추장 메주가 나무 기둥에 매달려 있다. 작업장 한켠에는 전국으로 나가는 고추장 박스가 잔뜩 쌓여 있는 것만 봐도 이 집의 고추장이 얼마나 많은 사람들에게 사랑받고 있는지 알 수 있다.

한복을 곱게 차려입고 장독 뒤에 나타난 강순옥 명인은 순창에서 나고 자랐다. 대대로 고추장을 만들던 집안 출신이지만, 어릴 때 집에서는 고추장을 가족이 먹을 만큼만 만들었다고 한다. 강순옥 명인은 대한민국 사람들에게 악몽과도 같았던 6.25 전쟁을 겪으며 힘든 시기를 보냈다. 엎친 데 덮친 격으로 네 살

때 아버지가 37세의 나이로 돌아가셨다. 가장을 잃은 나머지 가족들은 스스로 먹고 살길을 찾아야 했다. 1950년대 시골에서 아버지를 여읜 소녀에게 주어진 선택권은 제한적이었고, 강순옥 명인은 학교 성적이 뛰어났지만 집에서 어머니를 돕기 위해 초등학교까지만 마치고 학업을 그만뒀다. 산에 올라가 가마솥에 땔 나무를 꺾고, 두릅과 미나리 같은 나물을 채집했다. 근처 농장에서 찹쌀, 대두, 고추 등을 무겁게 몸에 이고 집으로 나르곤 했다. "힘든 상황에서도 언제나 큰 꿈을 꿨어요." 강순옥 명인이 말했다. "어떻게 하면 최고가 될 수 있을지, 남들보다 뛰어날 수 있을지 끊임없이 궁리했죠. 그건 지금도 마찬가지예요."

그와 어머니는 집에서 전통 방식으로 고추장을 담갔다. 쌀과 대두를 깨끗이 씻어서 삶은 후 6 대 4 비율로 섞어서 메주를 빚었다. 8월에 메주를 만들고 10월에 고추장을 완성했다. 고추장을 담글 때는 간장이나 된장을 담글 때보다 몸을 더 많이 써야 한다. 고추장 메주와 햇볕에 말린 태양초 고추를 곱게 갈아서 준비하고, 엿기름 짠 물에 찹쌀가루를 넣고 끓일 때에는 쉬지 않고 꾸준히 저어 주어야 한다. 이후 천천히 식혀서 미생물이 잘 자라날 수 있는 환경을 만들어야 한다. "어머니는 자식이 넷 딸린 서른두 살의 과부였어요. 맏딸로서 힘이 닿는 데까지 도와드리려고 노력했지요."

결국 그는 집안 대대로 고추장을 만드는 장인의 아들과 결혼해 시댁의 가업에 참여하게 되었다. 시누이가 서울로 올라가면서 가업에 좀 더 적극적으로 참여하게 되었고, 1979년에는 고추장을 제조하기 위한 사업자 등록을 마쳤다. 이후 고추장 명인이 되기 위한 발판을 마련했다. 요즘 고추장을 포함한 장 담그기가 활성화되고 있는 이유는 대한민국 농림축산식품부가 우리 전통 식문화를 지키고 널리 알리려고 부단히 노력했기 때문이다. 정부가 선정한 명인이 되는 길은 절대 쉽지 않다. 가장 높은 등급의 명인이 되기 위해서는 순창에서 25년 이상을 살아야 하고, 수많은 대회에 참가해 상을 받아 실력을 증명해야 한다.

강순옥 명인은 2015년 정부로부터 고추장 명인이라는 타이틀을 획득했다. 장본가의 고추장이 순창에서도 뛰어나다고 평가받는 이유는 그가 어렸을 때부터 집안의 장 만들기에 참여하고, 늘 최고가 되기 위해 끊임없는 노력을 했기 때문이다.

장본가의 고추장에는 가장 좋은 품질의 재료만이 사용된다. 햇볕에 바싹 말려 맛과 색이 선명한 고추와 지역 농부에게서 공수한 최상급의 쌀, 그리고 오랜 동안 믿고 거래하는 최상급 품질의 대두를 사용한다. 이제는 한 해에 고추장을 22~30톤가량 생산하지만, 모든 과정은 예전과 똑같다고 명인은 말한다.

그는 여전히 배우고 있다. 그의 한옥에 있는 장독에는 판매용 고추장만 들어있는 게 아니다. 여러 가지 실험을 위한 재료로서 2009년에 담근 된장도, 1991년에 담근 고추장도 있다. 어떤 장독에는 요리보다는 약으로 쓰일 것 같은 어두운 빛깔의 장들도 들어 있다. 이 수많은 장들은 보면 강순옥 명인의 늘 발전하고 변화하려는 성향을 알 수 있다. "나는 한국 장의 명인입니다. 장에 관해서라면 모든 것을 알고 싶지요."

추천 재료

양조간장

샘표 501

샘표 701

한식간장

맥꾸룸 황금빛조선맥간장

백말순 간장

기순도 전통간장

샘표 맑은조선간장

죽장연 프리미엄 간장

방주 제주 푸른콩 간장

양조된장

CJ 해찬들 재래식된장

청정원 순창 재래식된장

한식된장

맥꾸룸 황금빛맥된장

죽장연 프리미엄 전통된장

기순도 전통된장

백말순 한식된장

방주 제주 푸른콩 된장

재래식 고추장

순창 문옥례 전통고추장

장본가 고추장

맥꾸룸 맥찹쌀고추장

죽장연 프리미엄 전통고추장

기순도 전통고추장

시판 고추장

CJ 해찬들 전통고추장(순한맛, 매운맛)

청정원 전통 순창 고추장

샘표 국산 조선고추장

감사의 말

강민구

한국 음식을 깊이 이해하기 위해 노력한 공저자 조슈아에게 감사의 인사를 전한다. 조슈아는 나와 함께 공부한 뒤 내 요리를 영어로 훌륭하게 옮겨 주었다. 한국 요리를 소개하는 책을 쓴다는 막연한 꿈을 실현하게 해준 또 다른 공저자인 나디아에게도 고맙다는 말을 전하고 싶다. 또한 이 책이 출간될 수 있도록 이끌어 준 아티장 출판사의 주디 프레이와 팀원 모두에게도 감사의 인사를 전한다.

이 책을 쓰는 모든 과정을 나와 함께한 소중한 두 사람, 나영과 준수에게도 고마운 마음을 전한다. 그리고 이 프로젝트를 진행하는 데 여러모로 도움을 준 밍글스 팀, 마마리, 한식구 멤버들에게도 고맙다.

요리를 넘어 일생의 교훈을 일깨워 주신 조희숙 셰프님과 정관 스님께 이 자리를 빌려 감사의 말씀을 전한다. 사진작가 윤동길 님과 푸드스타일리스트 이아연 님 또한 이 프로젝트에 모든 열정을 쏟아부어 주었다.

바앤다이닝 잡지사의 편집장 박홍인 님과 대표 이성곤 님께도 고맙다는 말을 전한다. 장에 관한 정확한 정보를 전달할 수 있도록 내게 많은 것을 가르쳐 주신 정혜경 교수님께도 감사의 인사를 보낸다. 샘표사 그리고 우리에게 도움을 준 모든 장인께도 감사하다는 말을 전하고 싶다.

사랑하는 식구들 도희, 다인, 윤후, 아버지, 남동생 신구, 어머니, 장모님, 장인 어른께 고마운 마음을 전한다.

마지막으로 언제나 날 지지해 주는 전 세계의 셰프 친구들에게 고맙다는 인사를 전한다. 이 책을 그들과도 함께 나누고 싶다.

조슈아 데이비드 스타인

이 책을 만드는 데 도움을 준 모든 이에게 감사의 인사를 전하고 싶다. 실로 많은 사람이 이 프로젝트에 참여했는데, 우선 전문 지식을 쏟아붓고 시야를 불어넣으며 헌신한 강민구 셰프 그리고 열정과 수완을 발휘한 나디아 조에게 고맙다. 가이드로서, 통번역가로서, 또 해결사, 심부름꾼, 시식자, 테스터, 친구로서 다방면으로 지칠 줄 모르고 일한 김나영의 수고가 없었다면 이 책은 나오지 못했을 것이다.

책에 등장하는 레시피를 밤낮으로 집요하게 손보아 준 신준수의 노력도 마찬가지로 이 책이 나오는 데 큰 역할을 했다. 레시피 테스터로서 이 프로젝트의 모든 방면에서 기대 이상으로 일해 준 아이린 유의 노고에 깊은 감사의 뜻을 표한다. 집념 있는 사진작가 동길은 2년이라는 긴 시간 동안 촬영하고 재촬영하면서 언제나 쾌활한 모습으로 전문가의 기질을 보이며 항상 훌륭한 결과물을 내주었다.

전반적인 장의 마법, 특히 이 프로젝트에서 내게 가르침을 준 맷 로드바드에게 고맙고, 이 책을 완성하는 데 도움을 준 내 에이전트 데이비드 블랙에게도 고맙다. 작가가 바라는 가장 친절한 편집장의 모습을 보여 주었던 주디 프레이부터 꼼꼼한 교열자 아이비 맥패든까지, 아티장 출판사 팀원들에게 깊은 감사의 인사를 보낸다. 요리책은 글이 명확할 때만이 빛을 발할 수 있다.

나디아 조

우선 2008년 미국에서 한국 음식을 알리고자 마음을 먹고부터 그 어려운 여정을 함께 일했던 많은 셰프, 음식평론가, 프로듀서 분들께 감사의 인사를 전한다.

이 책을 강민구 셰프 그리고 조슈아 데이비드 스타인과 함께할 수 있어서 운이 좋았고 또 감사했다. 두 사람 모두 지난 4년간 최고의 공저자이자 가장 믿음직한 친구가 되어 주었다.

팀원들에게도 어떻게 감사의 인사를 전해야 할지 모르겠다. 이 책을 쓰는 순간부터 헌신한 나영, 레시피를 손보아 준 준수, 우리 레시피와 이야기에 생명을 불어넣어 준 사진작가 동길, 전문 지식으로 우리를 이끌어 준 푸드스타일리스트 아연, 이들 모두에게 대단히 고맙다.

아버지와 어머니께 감사하다. 하늘에서 언제나 날 바라보고 계실 아버지와 한국 음식의 매력을 가르쳐 주신 어머니께 이 자리를 빌려 고맙다는 말씀을 드린다.

우리 아들 제이에게도 고맙다. 제이는 한국 문화를 알리는 데 앞장서도록 내 원동력이 되어 주었다.

서문을 써 준 에릭 리퍼트 셰프와 이 책을 쓰도록 날 격려해 준 맷 로드바드에게도 감사의 인사를 전한다.

지금까지 도움을 준 에이전트 앤절라 밀러에게 고맙고, 우리를 믿어 준 아티장 출판사의 편집장 주디 프레이에게도 고맙다.

우리에게 경험을 나눠 준 모든 장 명인께 감사의 말씀을 드린다.

찾아보기

이탤릭체로 쓰인 숫자는 사진을 뜻한다.

저자 소개

Dong-gil Yun

강민구는 미쉐린 3스타이자 한국 최초로 월드 50 베스트 레스토랑에 선정된 〈밍글스〉의 오너 셰프다. 강민구 셰프가 〈밍글스〉에서 보여주는 한식에 대한 혁신적인 접근 방식은 국내외에서 명성을 얻었고, 세계 유수의 셰프들과 교류하며 함께 다양한 활동을 펼치고 있다. 2021년에는 아시아 50 베스트 레스토랑에 이름을 올린 셰프들에게 뽑혀 이네딧 담 셰프 초이스 어워드를 수상했다. 현재 서울에서는 레스토랑 〈밍글스〉와 식료품점 〈마마리마켓〉을, 홍콩에서는 창의적인 한국 요리를 제공하는 〈한식구〉를 운영하고 있다. 파리에서 〈세토파〉라는 코리안 치킨 비스트로도 운영 중이다.

DeSean McClinton-Holland

조슈아 데이비드 스타인은 뉴욕시에 기반을 둔 작가로《자녀들을 위한 요리: 세계 최고의 셰프들과 집에서 요리하기》를 저술했다. 그리고 콰메 온와치와 함께《젊은 흑인 셰프의 회고록》과《나의 미국: 젊은 흑인 셰프의 레시피》를 공동 저술했다. 또한 윌슨 탱과《놈와 요리책》, 도나 레나드와《일 부코: 이야기와 레시피》, 조 캄파날레와《와인: 진짜 이탈리아 와인 필수 안내서》, 예페 야닛 비야르쇠, 대니얼 번스와 함께《음식&맥주》를 공동 저술했다. 그뿐만 아니라《그저 아빠일 뿐이었어: 유명한 아버지 밑에서 자란 자녀들의 이야기》,《먹을 수 있어?》,《요리가 뭐야?》,《고독한 동물들》을 포함한 동화책을 써서 여러 차례 수상했다.

Diane Kang

나디아 조는 한국 음식을 미국에 알리는 일에 전념하는 정 컬처 앤 커뮤니케이션의 창립자다. 여러 셰프와 언론인에게 한국 음식을 소개했고, 본아페티, 콘데 나스트 트래블러, 푸드 앤 와인, 뉴욕 타임스, T 매거진과 일하며 셰프들과 언론인들의 한국 방문을 도왔다. 또한 넷플릭스 시리즈 〈셰프의 테이블〉의 '정관 스님' 에피소드를 제작했고, 〈앤서니 부르댕: 파츠 언노운〉의 몇몇 에피소드와 쿠킹채널, NBC, ABC 외 여러 방송국에서 프로그램 제작하는 일을 도왔다. eater.com에서 한국 음식 콘텐츠를 제작, 감독하기도 했다.

옮긴이 손주희

홍익대학교에서 영어영문학을 전공하고, 카페 드 하이몬드, 우드앤브릭, 빠네렌토 등 윈도우
베이커리에서 다년간 파티시에로 일했다. 베이킹 관련 블로그 Chocolate Caliente를 운영하며
제과제빵에 대한 열정을 이어가고 있다. 옮긴 책으로 《에브리띵 베이글》 등이 있다.

장
간장, 된장, 고추장으로 빚어낸 미식의 세계

초판 1쇄 발행 2025년 3월 10일
　　3쇄 발행 2025년 5월 20일

지은이 강민구
옮긴이 손주희

주간 이동은
책임편집 김주현
마케팅 사공성 성스레 장기석
제작 박장혁 전우석

발행처 북커스
발행인 정의선
이사 전수현

출판등록 2018년 5월 16일 제406-2018-000054호
주소 서울시 종로구 평창30길 10
전화 02-394-5981~2(편집)　031-955-6980(마케팅)
팩스 031-955-6988

ISBN 979-11-90118-79-8(13590)

• 값은 뒤표지에 있습니다.
• 파본이나 잘못된 책은 구입하신 서점에서 교환해 드립니다.